妈咪必备的

宝宝毛衣编织大全

张翠 主编

妈咪必备
手编系列

海峡出版发行集团 | 福建科学技术出版社
THE STRAITS PUBLISHING & DISTRIBUTING GROUP | FUJIAN SCIENCE & TECHNOLOGY PUBLISHING HOUSE

图书在版编目（CIP）数据

妈咪必备的宝宝毛衣编织大全 / 张翠主编.—福州：
福建科学技术出版社，2017.1
（妈咪必备手编系列）
ISBN 978-7-5335-5225-1

Ⅰ.①妈… Ⅱ.①张… Ⅲ.①童服－毛衣－编织－图
集 Ⅳ.①TS941.763.1-64

中国版本图书馆CIP数据核字（2016）第311962号

书　　名	**妈咪必备的宝宝毛衣编织大全**
	妈咪必备手编系列
主　　编	张翠
出版发行	海峡出版发行集团
	福建科学技术出版社
社　　址	福州市东水路76号（邮编350001）
网　　址	www.fjstp.com
经　　销	福建新华发行（集团）有限责任公司
印　　刷	福建地质印刷厂
开　　本	889毫米×1194毫米　1/16
印　　张	6
图　　文	96码
版　　次	2017年1月第1版
印　　次	2017年1月第1次印刷
书　　号	ISBN 978-7-5335-5225-1
定　　价	29.80元

Contents 目录

韩版外套毛衣

靓丽公主裙

时尚小背心毛衣

套头打底毛衣

韩版外套毛衣

这是妈妈给宝宝的呵护，让宝宝能够被幸福团团包围住。

花朵小淑女外套

【成品规格】衣长39cm，下摆宽32cm，袖长26cm

【编织密度】30针×42行=10cm²

【工　　具】10号棒针

【材　　料】浅灰色羊毛线400g，纽扣5枚，亮珠若干枚

【编织要点】

1. 毛衣用棒针编织，由两片前片、一片后片、两片袖片组成，从下往上编织。

2. 先编织前片。分右前片和左前片编织。(1) 右前片：用下针起针法起48针，先织12行花样B后，改织花样A，侧缝不用加减针，织至84行至袖窿。(2) 袖窿以上的编织。右侧袖窿平收4针后，减针，方法是每织2行减2针减3次，共减6针，不加不减针织62行至肩部。(3) 从袖窿算起织至42行时，开始开领窝，平收5针，然后领窝减针，方法是每2行减2针减3次，每2行减1针减9次，织至肩部余18针。(4) 用相同的方法，向相反的方向编织左前片。

3. 编织后片。(1) 用下针起针法，起96针，先织12行花样B后，改织花样A，侧缝不用加减针，织84行至袖窿。(2)袖窿以上的编织。两边袖窿平收4针后，开始减针，方法与前片袖窿一样，不加不减针织62行至肩部。(3)从袖窿算起织至62行时，开始开领窝，中间平收34针后，领窝减针，方法是每2行减1针减3次，织至肩部余18针。

4. 编织袖片。从袖口织起，用下针起针法，起42针，先织12行花样B后，改织花样A，两边袖侧缝各加13针，方法是每6行加1针加13次，编织84行至袖窿。两边平收4针后进行袖山减针，方法是两边分别每2行减2针减2次，每2行减1针减20次，编织完46行后余12针，收针断线。用同样方法编织另一袖片。

5. 缝合。将前片的侧缝与后片的侧缝对应缝合，前、后片的肩部对应缝合。两袖片的袖下缝合后，袖山边线与衣身的袖窿边对应缝合。

6. 衣襟编织。两边衣襟分别挑90针，织4行花样C，左边衣襟均匀地开纽扣孔。

7. 领子编织。领圈边挑92针，织4行花样C，形成开襟圆领。

8. 用钩针钩织相应数量的花朵，装饰前片和袖口，用缝衣针缝上纽扣和钩花的亮珠，并用钩针钩织衣襟至领圈的花边。衣服编织完成。

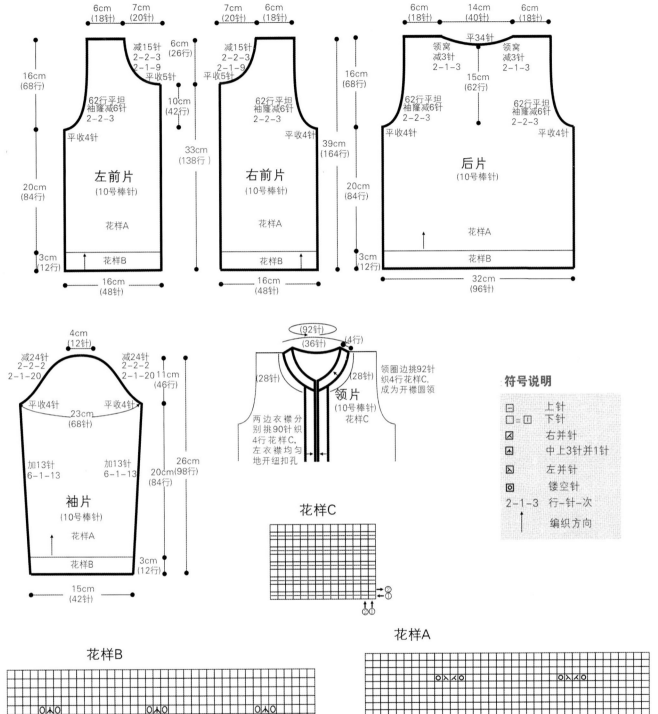

左前片
（10号棒针）
花样A
花样B
6cm（18针） 7cm（20针）
减15针 2-2-3 2-1-9 平收5针
6cm（26行）
16cm（68行）
62行平坦 袖隆减6针 2-2-3
平收4针
10cm（42行）
20cm（84行）
3cm（12行）
16cm（48针）
33cm（138行）

右前片
（10号棒针）
花样A
花样B
7cm（20针） 6cm（18针）
减15针 2-2-3 2-1-9 平收5针
62行平坦 袖隆减6针 2-2-3
平收4针
16cm（48针）
16cm（68行）
20cm（84行）
3cm（12行）
39cm（164行）

后片
（10号棒针）
花样A
花样B
6cm（18针） 14cm（40针） 6cm（18针）
平34针
领窝 减3针 2-1-3
领窝 减3针 2-1-3
15cm（62行）
62行平坦 袖隆减6针 2-2-3
62行平坦 袖隆减6针 2-2-3
平收4针
平收4针
32cm（96针）
3cm（12行）

袖片
（10号棒针）
花样A
花样B
4cm（12针）
减24针 2-2-2 2-1-20
减24针 2-2-2 2-1-20
11cm（46行）
平收4针
23cm（68针）
平收4针
加13针 6-1-13
加13针 6-1-13
20cm（98行）
26cm（84行）
3cm（12行）
15cm（42针）

领片
（10号棒针）
花样C
（92针）
（36针）
（4行）
（28针）
（28针）
领圈边挑92针 织4行花样C，成为开襟圆领
两边衣襟分别挑90针织4行花样C，左衣襟均匀地开纽扣孔

花样C

符号说明
□ 上针
□=□ 下针
☑ 右并针
☒ 中上3针并1针
☒ 左并针
◎ 镂空针
2-1-3 行-针-次
↑ 编织方向

7

花样A

花样B

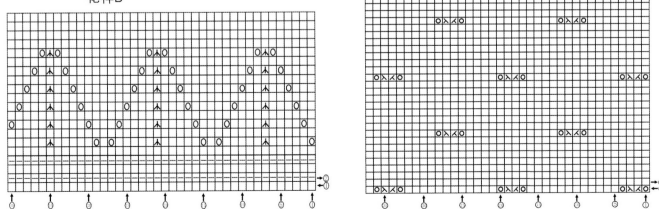

军装风帅气小外套

【成品规格】衣长34cm，胸围72cm，袖长37cm

【编织密度】19针×28行=10cm²

【工　　具】9号棒针

【材　　料】羊毛线毛线300g

【编织要点】

1.后片：起30针织桂花针14行暂停，再起30针织双桂花针，全片并织38行后开挂肩，腋下各平收3针，再依次减针，织15cm平收。

2.前片：前片比后片短；起34针织桂花针14行，后衣襟的一侧9针织花样A，并每10行斜向桂花针2针；织够衣身后将肩的5针平收；

继续向上织8cm，多织的部分回过去与后片领窝缝合。

3.袖：从下往上织，起37针织花样C28行后，上面排花样织；中心13针织花样B，两侧各12针织平针，袖筒部分在两侧按图示加针；织19cm开始收袖山，腋下各平收3针，再依次减针，最后21针平收。

4.缝合各片，完成。

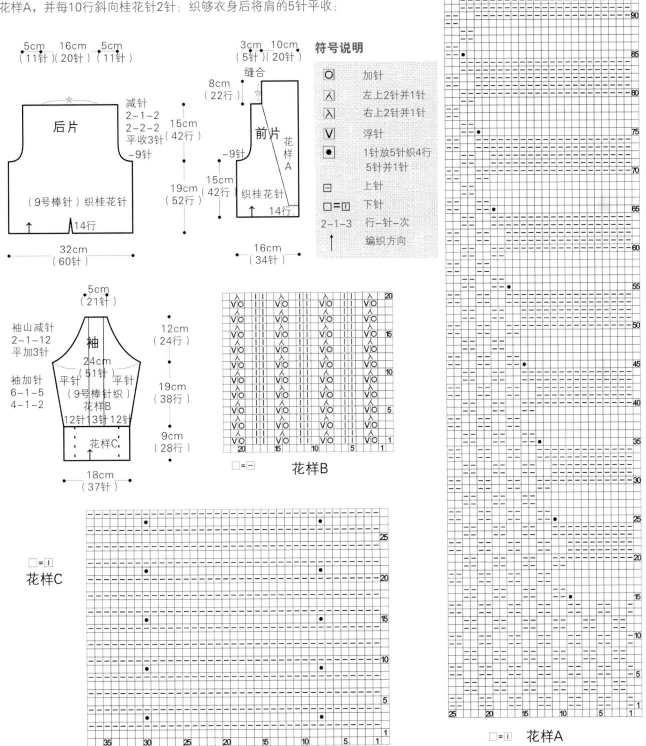

符号说明

O	加针
人	左上2针并1针
入	右上2针并1针
V	浮针
•	1针放5针织4行 5针并1针
曰	上针
口=曰	下针
2-1-3	行-针-次
↑	编织方向

10

百搭翻领小外套

【成品规格】衣长32cm，胸围60cm，袖长26cm

【编织密度】21针×34行=10cm²

【工　　具】9号棒针

【材　　料】毛线300g，纽扣3枚

【编织要点】

1.后片：起64针织单罗纹8行，上面织花样，以中心织4组花样，两侧织上针；织15cm开挂肩，腋下各平收3针，再依次减针，减针完成后织单罗纹，织14cm平收。

2.前片：起32针织单罗纹8行织花样，织法同后片；开挂肩时同时收领窝，按图示减针。

3.袖：从下往上织，起40针织单罗纹8行，上面全部织平针，袖筒两侧依次加针织15cm，袖山腋下各平收3针，再每4行减2针减7次，最后16针平收。

4.领：缝合各片，挑针织领；沿边缘挑248针，织8行后收掉衣襟左右侧的48针；织引退针24行平收；缝合纽扣，完成。

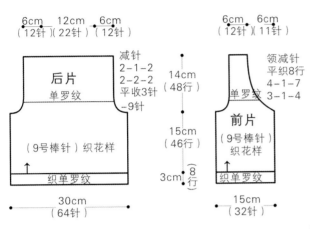

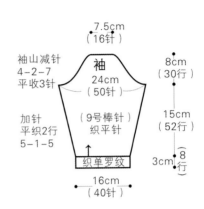

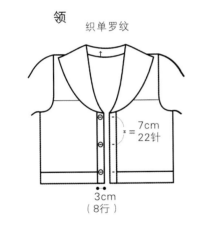

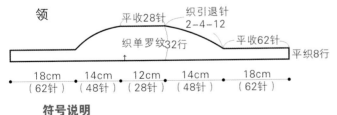

符号说明

3针右上交叉
4针左上交叉
上针
□=□ 下针
2-1-3 行-针-次
编织方向

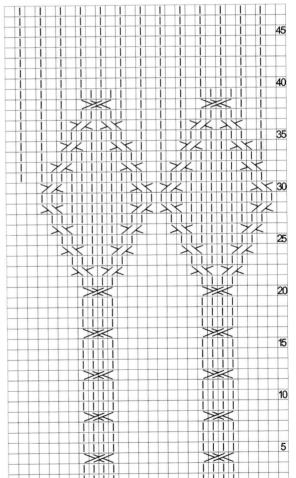

□=□

编织花样

11

帅气翻领外套

【成品规格】衣长40cm，胸围60cm，袖长34cm

【编织密度】16针×22行=10cm²

【工　　具】5号棒针

【材　　料】毛线300g，纽扣6枚

【编织要点】

1.后片：起56针织边缘花样20行，上面织花样A，平织17cm开挂肩，腋下平收3针，再依次减针，织15cm平收。

2.前片：起45针，内侧18针织边缘花样，外侧27针织衣襟花样，衣

襟的边缘2针织下针，需要开扣洞的一片要同步进行；边缘花样织20行后换织花样A，织法同后片；衣襟织106行平收；花样A逐步完成。

3.袖：起38针织边缘花样16行，上面织平针，先一次均加6针，按图示在两侧逐渐加针织出袖筒21cm，袖山按图示减针，最后12针平收。

4.领：沿领窝挑58针织边缘花样20行平收；缝合纽扣，完成。

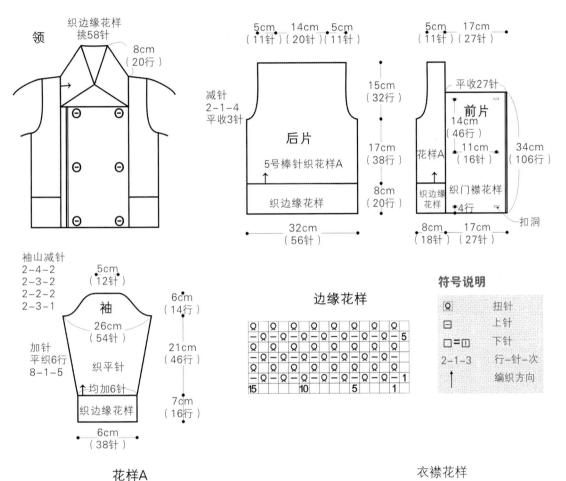

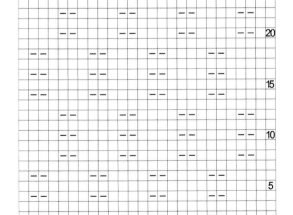

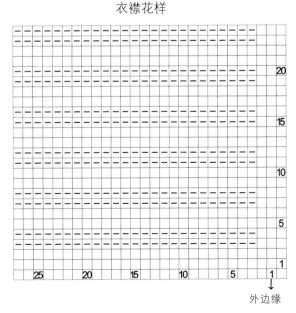

13

保暖系外套

【成品规格】衣长36cm，胸围64cm，袖长34cm

【编织密度】22针×30行=10cm²

【工　　具】5号棒针

【材　　料】毛线300g，纽扣6枚

【编织要点】

1.后片：起70针织双罗纹14行，中间49针排花样织，两侧各11针织起伏针，中间49针织花样A；织48行开挂肩，腋下各平收4针，再每4行减2针减4次，织48行后平收。

2.前片：起33针织双罗纹14行，均加3针排花样织，里侧11针织起伏针，外边织花样B，开挂肩时同时收领

窝，每4行减1针至完成。

3.袖：从下往上织，起42针织双罗纹14行后均加6针织平针，两侧按图示加针织袖筒22cm，袖山减针方法同身片，最后16针平收。

4.领：沿边缘挑针织双罗纹，后领窝挑30针，并在这两侧加针，青果领用引退针织法完成；缝合纽扣，完成。

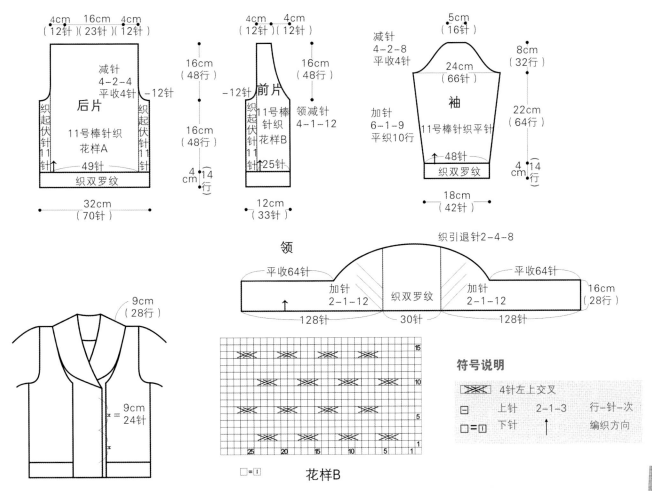

后片
4cm（12针）16cm（23针）4cm（12针）
减针
4-2-4
平收4针 -12针
织起伏针11针
11号棒针织花样A
49针
织双罗纹
16cm（48行）
16cm（48行）
32cm（70针）

前片
4cm（12针）4cm（12针）
-12针 前片
织起伏针11针
11号棒针织花样B
领减针 4-1-12
25针
16cm（48行）
16cm（48行）
4cm（14行）
12cm（33针）

袖
5cm（16针）
减针 4-2-8 平收4针
24cm（66针）
8cm（32行）
加针 6-1-9 平织10行
袖 11号棒针织平针
48针
22cm（64行）
织双罗纹
4cm（14行）
18cm（42针）

领
织引退针2-4-8
平收64针
加针 2-1-12
织双罗纹
加针 2-1-12
平收64针
16cm（28行）
128针 30针 128针

9cm（28行）
9cm（24针）

符号说明
4针左上交叉		
上针	2-1-3	行-针-次
下针		编织方向

□=Ⅰ

花样B

□=Ⅰ 花样A

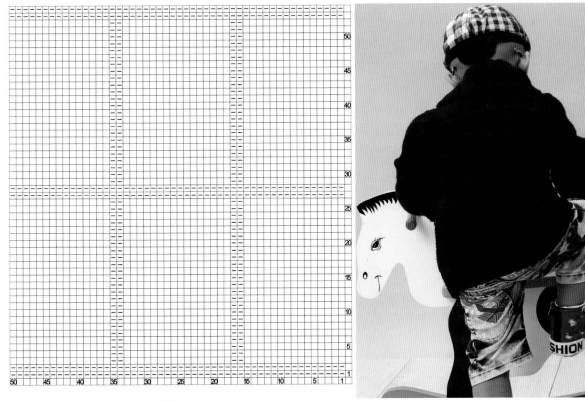

气质小淑女外套

16

【成品规格】衣长39cm，下摆宽28cm

【编织密度】全下针：20针×28行=10cm²

花样A：26针×28行=10cm²

【工　具】10号棒针

【材　料】红色羊毛线400g，纽扣19枚

【编织要点】

1. 毛衣用棒针编织，由两片前片、一片后肩片、一片袖片组成，分片按编织方向编织。

2. 肩片编织。为左右袖片一片式编织，按编织方向，从左袖片往右袖片编织，用下针起针法起44针，先织34行花样A后，改织全下针，袖下加针，方法是每6行加1针加10次，织64行至肩部，不加不减针织22行后，平收32针，不加不减针织34行，再平加32针，再织22行，开始左袖下减针，方法是每6行减1针减10次，织64行时改织34行花样A，收针断线。

3. 身片编织。为左、右前片与后片一片式编织的正方形，下针起针法起144针，织64行花样A。

4. 缝合。先把肩片的左右袖片的袖下按对折线A与B、C与D分别缝合，然后与身片缝合，分别是E与F、G与H、X与Y缝合。

5. 领片编织。领口处挑112针，织16行花样A，领底与衣襟处缝合。

6. 缝上纽扣，毛衣编织完成。

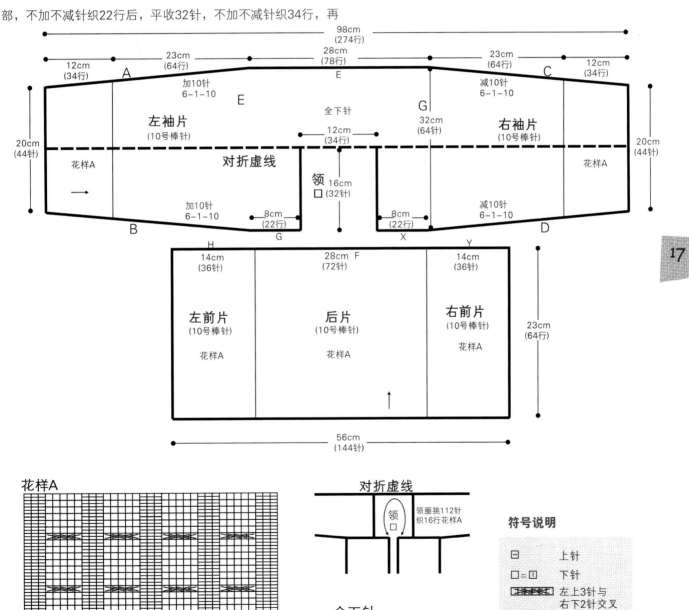

运动女孩连帽装

【成品规格】衣长36cm，胸围68cm，连肩袖长36cm

【编织密度】27针×34行=10cm²

【工　　具】11号棒针

【材　　料】毛线300g，纽扣4枚

18

【编织要点】

1.后片：起112针织8行下针，1行上针再织8行下针，用上针合并做底边，上面织平针，中心12针每4行在两侧对应减针形成一个小三角形，织72行后开始织挂肩，腋下各平收6针，再每2行减1针减22次后平收。

2.前片：底边同后片，合并后按图示布花样织，织法同后片，挂肩织30行开始收领窝，按图示减针。

3.袖：从下往上织，底边同后片；袖中心13针织花样A，两侧织平针，袖筒分别是在两侧加针，挂肩减针同后片。

4.帽：缝合各片，挑针织帽，沿领窝挑118针织平针52行后在中心减针，最后106针缝合；沿衣襟及帽边缘钩一行逆短针，缝合纽扣，完成。

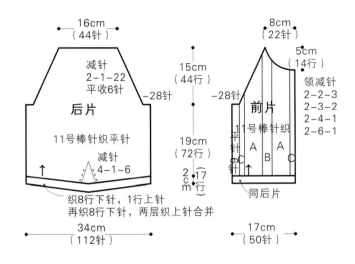

后片

16cm（44针）

减针
2-1-22
平收6针
－28针

11号棒针织平针

减针
4-1-6

15cm（44行）

19cm（72行）

2cm（17行）

织8行下针，1行上针
再织8行下针，两层织上针合并

34cm（112针）

前片

8cm（22针）

5cm（14行）

领减针
2-2-3
2-3-2
2-4-1
2-6-1

－28针

11号棒针织

A A
C B C

同后片

17cm（50针）

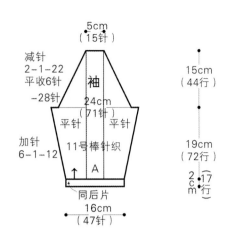

袖

5cm（15针）

减针
2-1-22
平收6针
－28针

24cm（71针）

平针 平针

加针
6-1-12

11号棒针织

A

同后片

16cm（47针）

15cm（44行）

19cm（72行）

2cm（17行）

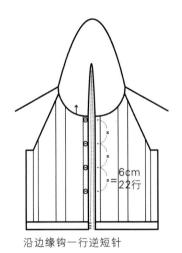

6cm＝22行

沿边缘钩一行逆短针

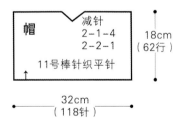

帽

减针
2-1-4
2-2-1

11号棒针织平针

18cm（62行）

32cm（118针）

花样A

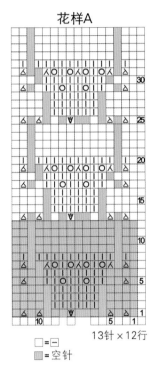

13针×12行

□=⊟
▨=空针

花样B

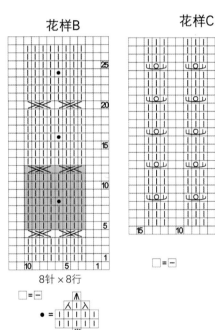

8针×8行

□=⊟

花样C

5针×4行

□=⊟

19

逆短针

 逆短针针法图：

1.织物保持上一行的方向不变，将钩针插入倒数第1、2针之间。

2.如图绕线并带出线圈。

3.绕线并将线圈从前两针中带出。

4.第一针完成。

5.第二针开始（按前四步）进行。

6.由左向右倒退着行进，因故得名"逆短针"。

符号说明

⅄	左上2针并1针	▼	1针放6针
◺	左上2针上针并1针	⤵	把第3针盖过前面的2针织1针下针，加1针下针
○	加针	⤬	4针右上交叉
ⱽ	1针放5针		
⊟	上针	2-1-3	行-针-次
□=⊡	下针	↑	编织方向

娴静女孩外套

【成品规格】衣长34cm，胸围68cm，袖长30cm

【编织密度】23针×34行=10cm²

【工　　具】9号棒针

【材　　料】毛线300g，纽扣3枚

【编织要点】

1.后片：起98针以中心位置排织花样A，其余部分织上针；两侧按图示减针织花样A，织19cm后开挂肩，腋下各平收4针，再依次减针，肩平收，后领窝留1.5cm。

2.前片：起56针，衣襟的一侧9针织花样B，其余织上针，织法同后片；领窝留6cm，先平收13针，再依次减针至完成。

3.袖：织上针；起18针按图示织出袖山后，依次减针织出袖筒19cm，均收至44针织花样B16行，平收。

4.领：沿领窝挑出88针织花样B9行平收。

5.叶子花：织大叶子两片，缝合在左下角；小叶子织5片，缝合在右上角；缝合纽扣，完成。

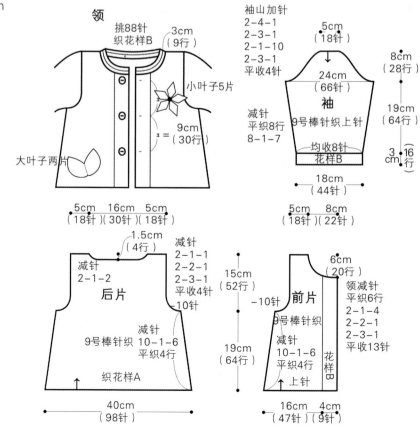

领

挑88针
织花样B　3cm
（9行）

小叶子5片

大叶子两片

9cm
（30行）

袖山加针
2-4-1
2-3-1
2-1-10
2-3-1
平收4针

5cm
（18针）

24cm
（66针）

袖

8cm
（28行）

减针
平织8针
8-1-7

9号棒针织上针

19cm
（64行）

均收8针

花样B

3cm·16行

18cm
（44针）

5cm　8cm
（18针）（22针）

5cm　16cm　5cm
（18针）（30针）（18针）

1.5cm
（4行）

减针
2-1-1
2-2-1
2-3-1
平收4针
-10针

后片

减针
2-1-2

15cm
（52行）

减针
9号棒针织
10-1-6
平织4针

19cm
（64行）

织花样A

40cm
（98针）

6cm
（20行）

前片

领减针
平织6行
2-1-4
2-2-1
2-3-1
平收13针

减针
9号棒针织
10-1-6
平织4针

-10针

9号棒针织

上针

花样B

16cm　4cm
（47针）（9针）

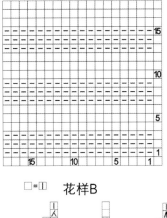

□=□ 花样B

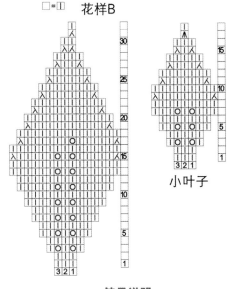

大叶子

小叶子

21

符号说明

○	加针
入	右上2针并1针
∧	中上3针并1针
☒	4针右上交叉
☒	6针右上交叉
□	上针
□=□	下针
2-1-3	行-针-次
↑	编织方向

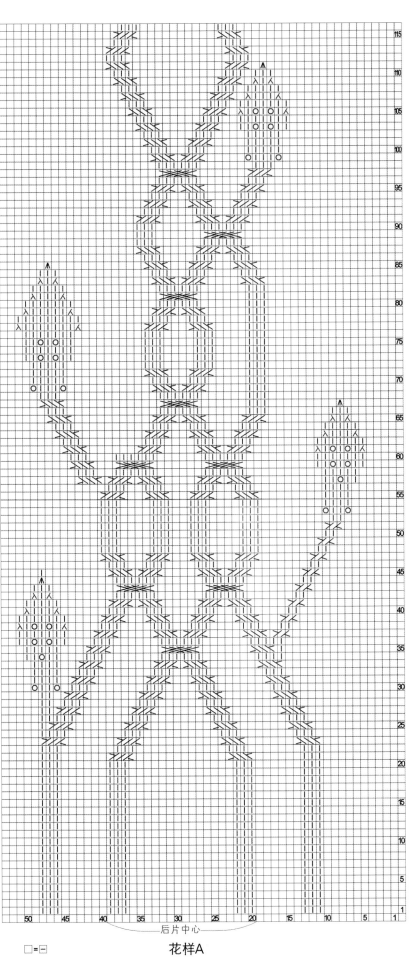

后片中心

花样A

□=□

活力女孩连帽衫

【成品规格】衣长36cm，胸围68cm，袖长32cm

【编织密度】23针×30行=10cm²

【工　　具】11、12号棒针

【材　　料】毛线300g，纽扣5枚

【编织要点】

1.后片：起77针织单罗纹4行后织花样A54行，织平针14行，再织花样B4行开挂肩，腋下各平收4针，再依次减针，织15cm平收。

2.前片：起42针，织法同后片；领窝留6cm，平收7针，再依次减针，至完成。

3.袖：织花样B；起15针在两侧加针，袖山织8cm，袖筒依次在两侧减针织20cm，袖口均收至44针，用12号棒针织扭针单罗纹18行。

4.帽：沿领窝挑出94针，帽边缘与前片相连的6针继续织花样，其余的部分织平针；平织12行后在后中心线两侧加针，每8行加1针加3次，共加6针；帽顶在中心线两侧减针，最后缝合。

5.衣襟：沿边缘挑80针织扭针单罗纹，在需要的一侧开5个扣洞；缝合纽扣，完成。

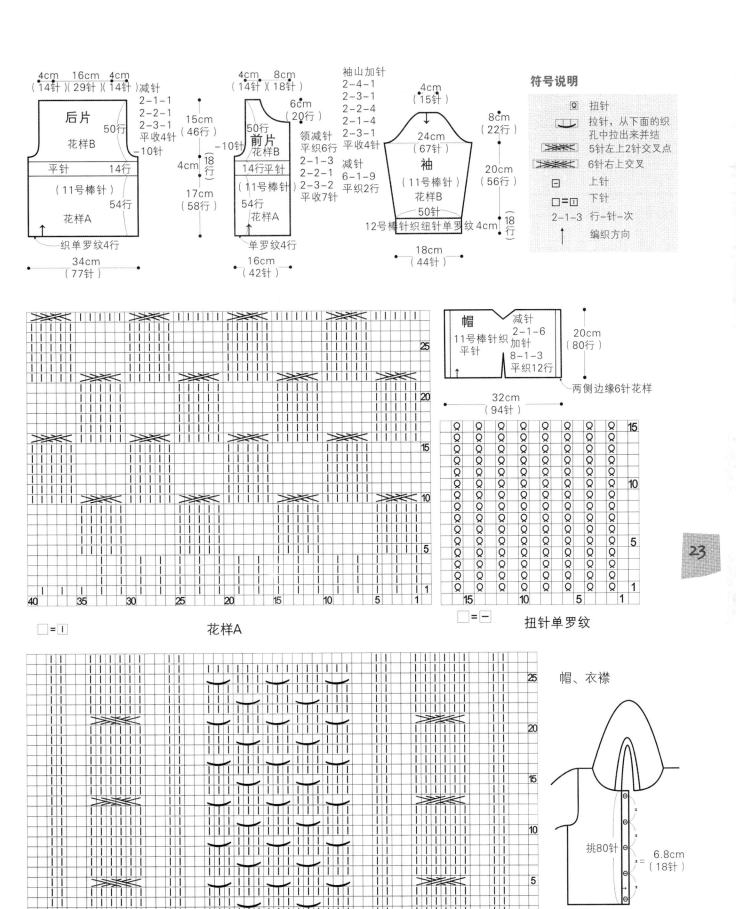

符号说明

Ⓠ	扭针
⌣	拉针，从下面的织孔中拉出来并结
	5针左上2针交叉点
	6针右上交叉
⊟	上针
□=☐	下针
2-1-3	行-针-次
↑	编织方向

后片

花样B
平针   14行
（11号棒针）
花样A
织单罗纹4行

34cm
（77针）

前片

花样B
14行平针
（11号棒针）
花样A
单罗纹4行

16cm
（42针）

袖
花样B
（11号棒针）
50针
12号棒针织纽针单罗纹4cm

18cm
（44针）

帽
11号棒针织平针
减针 2-1-6
加针 8-1-3
平织12行
两侧边缘6针花样

32cm
（94针）

□=⊟   花样A

□=⊟   扭针单罗纹

后片中心及袖中心

□=⊟   花样B

帽、衣襟

挑80针

6.8cm
（18针）

门襟用12号棒针织扭针单罗纹

配色绒球披肩

【成品规格】衣长30cm，胸围60cm，连肩袖长30cm

【编织密度】33针×45行=10cm²

【工　　具】12号棒针

【材　　料】黑色毛线250g，白色线少许

【编织要点】

1.后片：用白色线起100针织12行平针，再按图解织花样A织12行对折合并成下摆，上面用黑色线织平针，织13cm开挂肩，腋下各平收6针，留2针做径每4行收2针收14次，最后32针平收。

2.前片：起50针，织法同后片，前片领窝留5cm，先平收4针，再按图示减针至完成；对称织另一片。

3.袖：从下往上织，袖口织法同后片，袖筒按图示加针，袖山减针同身片。

4.领。衣襟同衣片下摆，沿边缘挑90针先织花样A12行，再织平针12行后缝合；领分两步，先挑织黑色双罗纹，然后沿领窝线挑织白色花样B；两种线混合做球球2个，钩一条带子沿领穿过，完成。

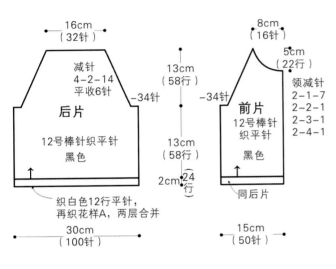

后片
16cm（32针）
减针 4-2-14 平收6针
-34针
后片
12号棒针织平针 黑色
织白色12行平针，再织花样A，两层合并
30cm（100针）
13cm（58行）
13cm（58行）
2cm（24行）

前片
8cm（16针）
5cm（22行）
领减针 2-1-7 2-2-1 2-3-1 2-4-1
-34针
前片 12号棒针 织平针 黑色
同后片
15cm（50针）

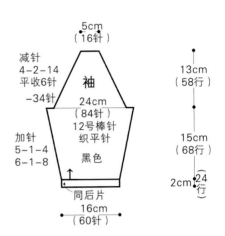

袖
5cm（16针）
减针 4-2-14 平收6针 -34针
袖 24针（84针）12号棒针织平针 黑色
加针 5-1-4 6-1-8
同后片
16cm（60针）
13cm（58行）
15cm（68行）
2cm（24行）

25

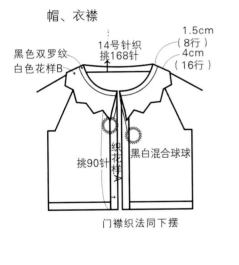

帽、衣襟
14号针织挑168针
1.5cm（8行）
4cm（16行）
黑色双罗纹 白色花样B
织花样A
挑90针
黑白混合球球
门襟织法同下摆

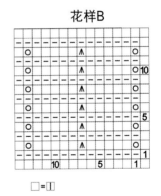

花样B

符号说明

符号	说明
◯	加针
⋀	中上3针并1针
⊟	上针
□=⊟	下针
2-1-3	行-针-次
↑	编织方向

花样A

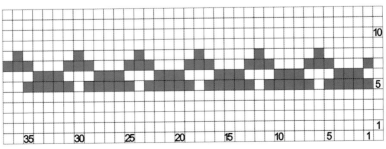

□=黑色
■=白色

亮片外套

26

【成品规格】衣长42cm，下摆宽40cm，袖长42cm

【编织密度】18针×26行=10cm²

【工　　具】10号棒针

【材　　料】紫黑色段染羊毛线400g，纽扣4枚

【编织要点】

1. 毛衣用棒针编织，由两片前片、一片后片、两片袖片组成，从下往上编织。

2. 先编织前片。分右前片和左前片编织。(1) 右前片的编织用下针起针法起36针，织花样B，侧缝不用加减针，织至54行改织花样A4行至袖窿，并留4针改织花样C衣襟，右边均匀地开纽扣孔。(2) 袖窿以上的编织。右侧袖窿平收2针后减针，方法是每织2行2针减2次，共减4针，不加不减针平织48行至袖窿。(3) 同时从袖窿算起织至20行时，开始领窝减针，衣襟4针不用收针待用，领窝减针，方法是每2行减3针减3次，每2行减2针减3次，每2行减1针减5次，平织10行至肩部余6针。(4) 用相同的方法，相反的方向编织左前片。

3. 编织后片。(1) 用下针起针法，起72针，织花样B，侧缝不用加减针，织至54行改织花样A4行至袖窿。 (2)袖窿以上的编织。袖窿开始减针，方法与前片袖窿一样。(3) 同时织至从袖窿算起46行时，开后领窝，中间平收40针，两边各减3针，方法是每2行减1针减3次，织至两边肩部余6针。

4. 编织袖片。从袖口织起，用下针起针法，起46针，织花样B，袖侧缝两边各加7针，方法是每10行加1针加7次，编织58行后，改织24行花样A至袖窿。开始两边平收2针，进行袖山减针，方法是两边分别每2行减3针减2次，每2行减2针减2次，每2行减1针减8次，共减18针，编织完28行后余20针，收针断线。用同样方法编织另一袖片。

5. 缝合。将前片的侧缝与后片的侧缝对应缝合，前、后片的肩部对应缝合，再将两袖片的袖下缝合后，袖山边线与衣身的袖窿边对应缝合。

6. 领子编织。领圈边挑130针，与衣襟预留待用的4针，一起编织12行花样D，衣襟继续织花样C，直至领片编织完成，形成开襟圆领。

7. 用缝衣针缝上纽扣，衣服编织完成。

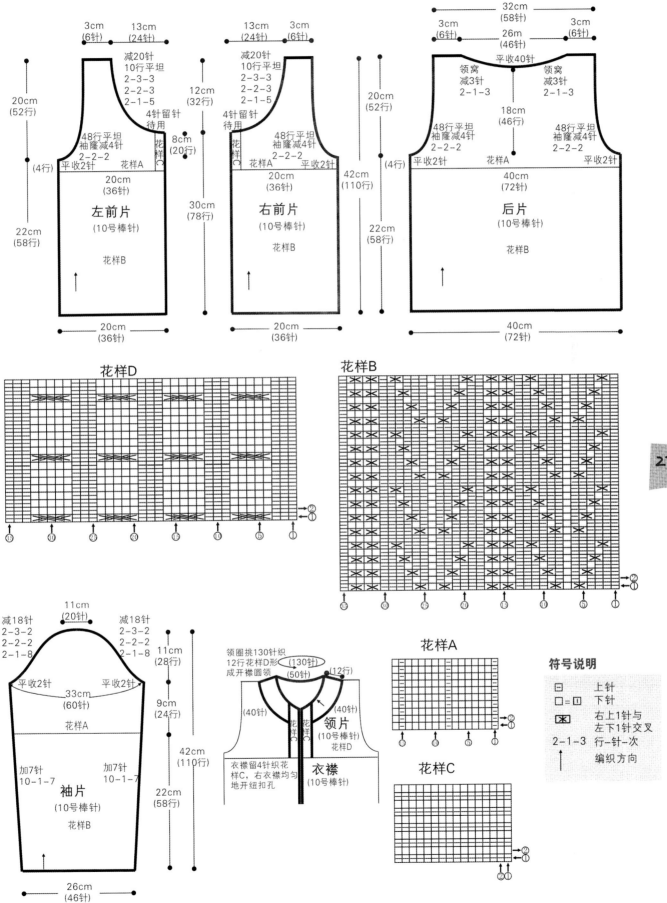

花样D

花样B

花样A

花样C

符号说明

	上针
□=□	下针
⊠	右上1针与左下1针交叉
2-1-3	行-针-次
↑	编织方向

3cm (6针) 13cm (24针)

减20针
10行平坦
2-3-3
2-2-3
2-1-5
4针留针待用

48行平坦
袖隆减4针
2-2-2
平收2针 花样A

20cm (36针)

左前片
(10号棒针)

花样B

20cm (36针)

20cm (52行)

(4行)

22cm (58针)

13cm (24针) 3cm (6针)

减20针
10行平坦
2-3-3
2-2-3
2-1-5
4针留针待用

花样 48行平坦
袖隆减4针
2-2-2
花样A 平收2针

20cm (36针)

右前片
(10号棒针)

花样B

20cm (36针)

12cm (32行)

8cm (20行)

20cm (52行)

42cm (110行)

30cm (78行)

22cm (58针)

32cm (58针)

3cm (6针) 26m (46针) 3cm (6针)

平收40针

领窝
减3针
2-1-3

领窝
减3针
2-1-3

18cm (46行)

48行平坦
袖隆减4针
2-2-2

48行平坦
袖隆减4针
2-2-2

平收2针 花样A 平收2针

40cm (72针)

后片
(10号棒针)

花样B

40cm (72针)

20cm (52行)

(4行)

22cm (58针)

减18针
2-3-2
2-2-2
2-1-8

减18针
2-3-2
2-2-2
2-1-8

平收2针 平收2针

33cm (60针)

花样A

加7针
10-1-7

加7针
10-1-7

袖片
(10号棒针)

花样B

26cm (46针)

11cm (20针)

11cm (28行)

9cm (24行)

42cm (110行)

22cm (58行)

领圈挑130针织
12行花样D形
成开襟圆领

(130针)
(50针) (12行)

(40针) (40针)

花样 领片
(10号棒针)
花样D

衣襟留4针织花样C,右衣襟均匀地开纽扣孔

衣襟
(10号棒针)

27

翻领外套

【成品规格】衣长36cm，胸围60cm，袖长29cm

【编织密度】25针×34行＝10cm²

【工　　具】9、10号棒针

【材　　料】毛线300g，纽扣7枚

【编织要点】

1.后片：起101针织边缘花样10行后织平针，平织58行在中心皱褶收32针，织8行开挂肩，腋下各平收3针，再依次减针，后领窝留6行，肩平收。

2.前片：起57针，衣襟边16针织起伏针，另41针织边缘花样10行；花样完成后织平针，织法同后片；腰线收针后衣襟边每4行向里侧多织1针，共4针；平织至肩平收。

3.袖：从下往上织，起46针织双元宝36行后织平针，袖筒两侧加针，袖山按图示减针，最后16针平收。

4.领：缝合各片，挑针织领；沿后领窝挑30针，两端各加10针，织起伏针，并在两端加针；织40行平收；两端的10针与前片缝合。

5.蝴蝶结：按图示织两个不同的矩形，叠放固定在后片；缝合纽扣，完成。

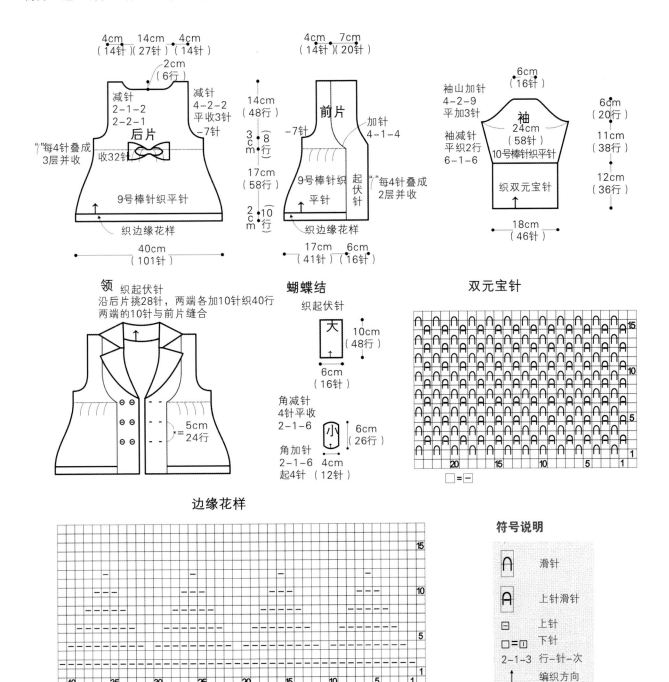

后片
40cm（101针）
9号棒针织平针
织边缘花样
减针 2-1-2 2-2-1
减针 4-2-2 平收3针 -7针
2cm（6行）
4cm（14针）14cm（27针）4cm（14针）
收32针
"每4针叠成3层并收

前片
前片
4cm（14针）7cm（20针）
14cm（48行）
-7针
3cm（8行）
17cm（58行）
2cm（10行）
加针 4-1-4
"每4针叠成2层并收
9号棒针织平针
起伏针
织边缘花样
17cm（41针）6cm（16针）

袖
袖山加针 4-2-9 平加3针
6cm（16针）
6cm（20行）
11cm（38行）
12cm（36行）
袖减针 平织2行 6-1-6
24cm（58针）
10号棒针织平针
织双元宝针
18cm（46针）

领
织起伏针
沿后片挑28针，两端各加10针织40行
两端的10针与前片缝合
5cm（24行）

蝴蝶结
织起伏针
大
6cm（16针）
10cm（48行）
角减针 4针平收 2-1-6
小
6cm（26行）
角加针 2-1-6 起4针
4cm（12针）

双元宝针
□＝□

符号说明
∩　滑针
Ａ　上针滑针
□　上针
□＝□　下针
2-1-3　行-针-次
↑　编织方向

边缘花样
□＝□

29

靓丽公主裙 这是妈妈给宝宝的呵护，让宝宝能够被幸福团团包围住。

32

喜庆小套装

【成品规格】衣长32cm，胸围56cm

【编织密度】21针×27行=10cm²

【工　　具】10号棒针

【材　　料】毛线150g

【编织要点】

1.后片：起59针织双罗纹6行，上面按后片花样织，平织40行开始织挂肩，在两侧按图示收针后，平织15cm平收。

2.前片：起34针织6行双罗纹，按前片图解织花样，织40行开始织挂肩，腋下每2行减1针减5次，织26行开领窝，中心平收10行，再依次减针，至完成。

3.前片：腋下织法同后片；开挂后织16行开始收前领窝；中心平收16针，两侧依次减针，至完成。

4.领：沿领窝挑96针沿着身片对应的花样织10行。

5.绳：起3针织平针或用钩针钩绳，穿在领窝处，完成。

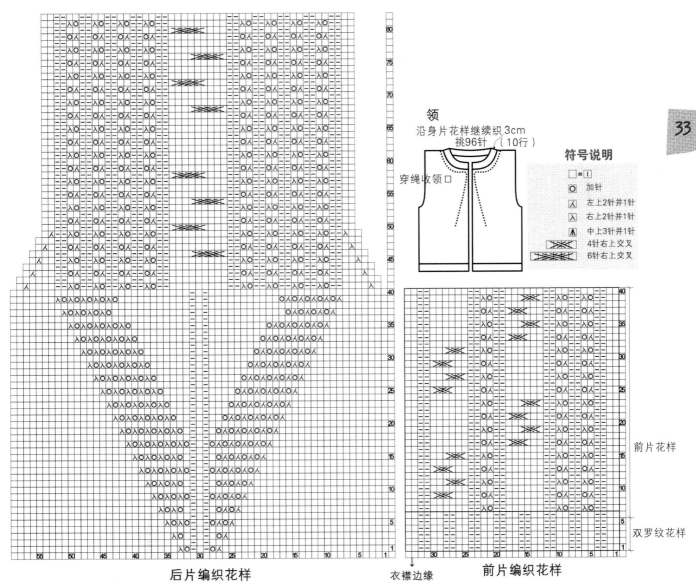

领
沿身片花样继续织3cm
挑96针（10行）

穿绳收领口

符号说明

□=|

○　加针

人　左上2针并1针

入　右上2针并1针

⋀　中上3针并1针

✕✕　4针右上交叉

✕✕　6针右上交叉

33

前片花样

双罗纹花样

后片编织花样

衣襟边缘　　前片编织花样

【成品规格】裙长52cm，腰围44cm

【编织密度】20针×22行=10cm²

【工　　具】6号棒针

【材　　料】毛线300g

【编织要点】

1.起38针织桂花针18行，上面织花样96行继续织桂花针18行。

2.将裙子对折缝合桂花针两端。

3.从裙子的一端挑针织单罗纹14行做裙腰。

4.做两个绣球，点缀在裙摆侧边，完成。

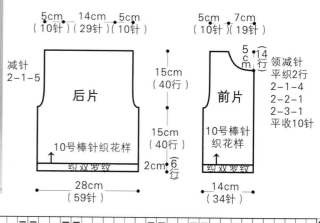

5cm　14cm　5cm
（10针）（29针）（10针）

5cm　7cm
（10针）（19针）

减针
2-1-5

后片

15cm
（40行）

15cm
（40行）

10号棒针织花样

织双罗纹

28cm
（59针）

2cm（6行）

5cm　14行

领减针
平织2行
2-1-4
2-2-1
2-3-1
平收10针

前片

10号棒针
织花样

织双罗纹

14cm
（34针）

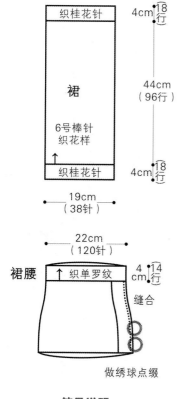

19cm
（38针）

织桂花针

4cm（18行）

裙

6号棒针
织花样

织桂花针

4cm（18行）

44cm
（96行）

19cm
（38针）

22cm
（120针）

裙腰　↑织单罗纹　4cm（14行）

缝合

做绣球点缀

符号说明

O	加针
人	左上2针并1针
入	右上2针并1针
✕✕✕	6针右上交叉

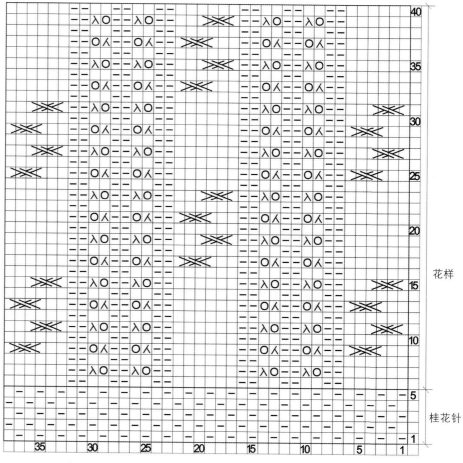

□ = 1

编织花样

34

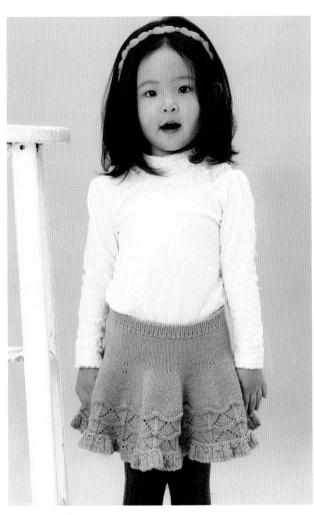

【成品规格】裙长42cm，胸围76cm，袖长35cm

【编织密度】32针×36行=10cm²

【工　　具】10号、12号棒针

【材　　料】毛线250g

【编织要点】

从腰往下织；用12号棒针起120针织单罗纹10行，换10号棒针织，平织20行，将针分成15份，每份8针，每8针每4行用左右加针的方式同时加2针，共加5圈；裙摆织花样，每组花样完成后也各加2针，织2组；最后织铃铛花一组，平收完成。

蓝色大摆公主裙

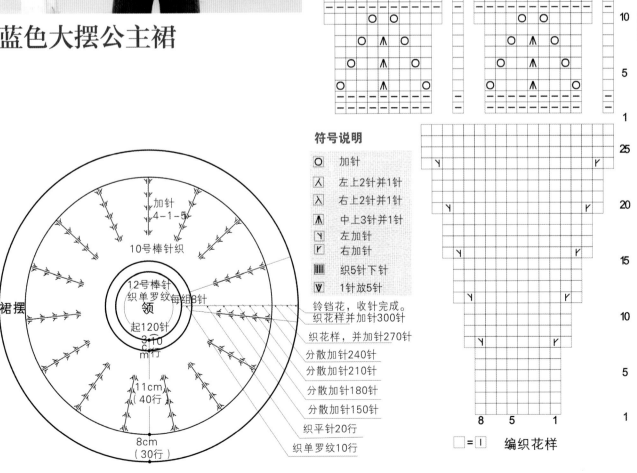

符号说明

O	加针
人	左上2针并1针
人	右上2针并1针
木	中上3针并1针
丫	左加针
尸	右加针
‖‖‖	织5针下针
V	1针放5针

铃铛花，收针完成。
织花样并加针300针
织花样，并加针270针
分散加针240针
分散加针210针
分散加针180针
分散加针150针
织平针20行
织单罗纹10行

加针
4-1-5

10号棒针织

12号棒针
织单罗纹每组8针
领
起120针
3·10
cm行
11cm
40行
8cm
（30行）

裙摆

□=☐　编织花样

【成品规格】衣长22cm，胸围66cm，袖长26cm

36

【编织密度】22针×26行=10cm²

【工　　具】10号棒针

【材　　料】毛线350g

【编织要点】

1.后片：起72针织平针6cm，开挂肩，腋下平收4针，再依次减针织14cm平收。

2.前片：起17针，按图示加出圆角，领窝留7cm，中心平收6针，再依次减针，肩平收。

3.袖：从上往下织；起12针逐渐加出袖山，袖筒按图示在两侧减针，织17cm后织花样，平收。

4.领。边缘：缝合各片，沿领衣襟及下摆挑278针织花样，另用钩针钩胸花固定在前片左侧；钩带子若干，两端连上小球，分别固定在领及袖口，完成。

钩胸花

钩任意长度盘旋固定

领、边缘

沿边缘挑278针
织花样

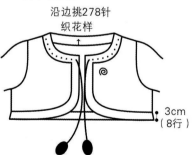

3cm
（8行）

编织花样

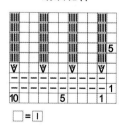

符号说明

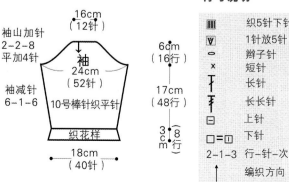

	织5针下针
V	1针放5针
○	辫子针
×	短针
⊤	长针
⊥	长长针
⊟	上针
□=⊡	下针
2-1-3	行-针-次
↑	编织方向

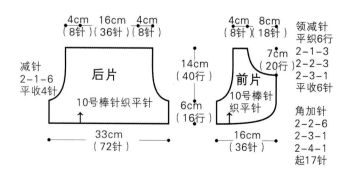

后片
10号棒针织平针
33cm（72针）
4cm（8针）16cm（36针）4cm（8针）
14cm（40行）
6cm（16行）
减针 2-1-6 平收4针

前片
10号棒针织平针
16cm（36针）
起17针
4cm（8针）8cm（18针）
7cm（20行）
6cm（16行）
领减针 平织6行 2-1-3 2-2-3 2-3-1 平收6针
角加针 2-2-6 2-3-1 2-4-1

袖
10号棒针织平针
织花样
16cm（12针）
24cm（52针）
18cm（40针）
袖山加针 2-2-8 平加4针
袖减针 6-1-6
6cm（16行）
17cm（48行）
3cm（8行）

可爱宝宝套装

【成品规格】衣长18cm，胸围56cm，连肩袖长14cm

【编织密度】24针×55行＝10cm²

【工　　具】11号棒针

【材　　料】米白色毛线250g

【编织要点】

1.前、后片：前、后片织法相同；起68针织边缘花样24行后排花样织，平织30行开始收挂肩，两侧同时减针，每2行收1针共18次；织40行开始收V领，中心平收2针，两侧减针同挂肩。

2.袖：起54针中心排织花样，两侧织上针，减针同身片。

3.领：挑112针织边缘花样，前后V对称收针，织12行平收，完成。

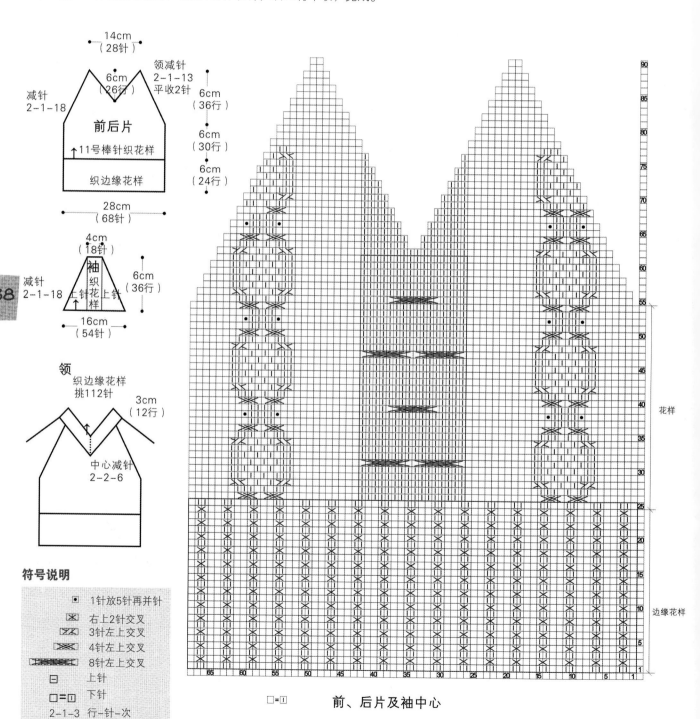

38

符号说明

⊡	1针放5针再并针
⤫	右上2针交叉
⤬	3针左上交叉
⤬	4针左上交叉
⤬	8针左上交叉
曰	上针
□=□	下针
2-1-3	行-针-次
↑	编织方向

□=回　　前、后片及袖中心

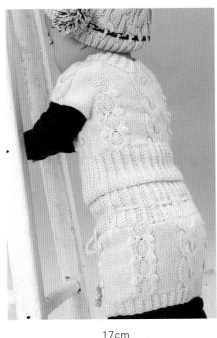

【成品规格】裙长21.5cm，腰围34cm

【编织密度】35针×40行＝10cm²

【工　　具】9号棒针

【材　　料】米白线毛线250g

【编织要点】

1.织两片相同的片缝合即可；后片起63针按图示织花样，织花样A9行，再织花样B43行，织第58行织下针并均减6针，继续织花样A22行，上面织花样C，留穿松紧带用；织相同的两片缝合。

2.钩一条绳穿过即可，完成。

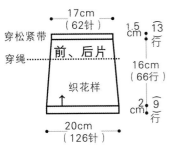

穿松紧带
穿绳

前、后片

织花样

17cm（62针）
1.5cm 13行
16cm（66行）
2cm 9行
20cm（126针）

钩3条绳穿在需要的位置

钩绳:一端留出成品长度的3～4倍

符号说明

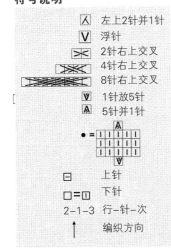

符号	说明
入	左上2针并1针
V	浮针
✕	2针右上交叉
✕	4针右上交叉
✕	8针右上交叉
V	1针放5针
A	5针并1针
• =	
□	上针
□＝□	下针
2-1-3	行-针-次
↑	编织方向

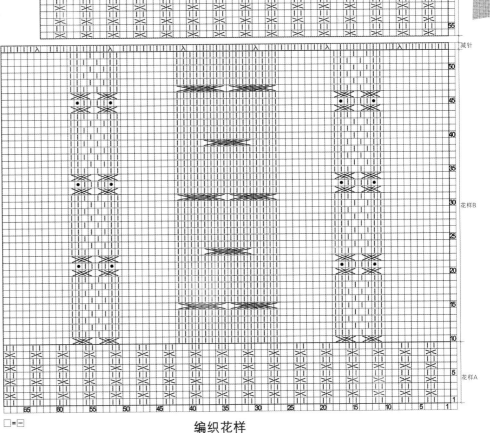

□＝□

编织花样

39

花样C
穿松紧带

花样A

减针

花样B

花样A

花朵背心裙

【成品规格】裙长43cm，胸宽32cm，肩宽24cm

【编织密度】18针×25行=10cm²

【工　　具】8号棒针

【材　　料】棕色带金线马海毛线250g，各种颜色的线少许

【编织要点】

1.棒针编织法。由前片与后片组成。

2.前片的编织。双罗纹起针法，起72针，起织花样A双罗纹针，并在两侧缝减针编织，方法为8-1-7，织成50行的高度后，下一行中间平收14针，分为两部分各自编织，减出前衣领边。衣领减针为2-2-2，2-1-6，织成衣领算起12行后，至袖窿减针，方法

为2-1-6，袖窿减少6针，衣领减少10针后，不加减针，再织40行至肩部，余下6针。收针断线。用相同的方法织另一片。后片的针数行数和减针方法与前片完全相同。

3.缝合。将前、后片的侧缝对应缝合，再将肩部对应缝合。

4.沿着前后衣领边挑针钩织花样C花边。再分别沿着袖口边，挑针钩织花样C花边。最后根据花样B，用各种颜色的毛线搭配钩织立体单元花，前片4朵，后片4朵，位于衣身中间的部位上。完成。

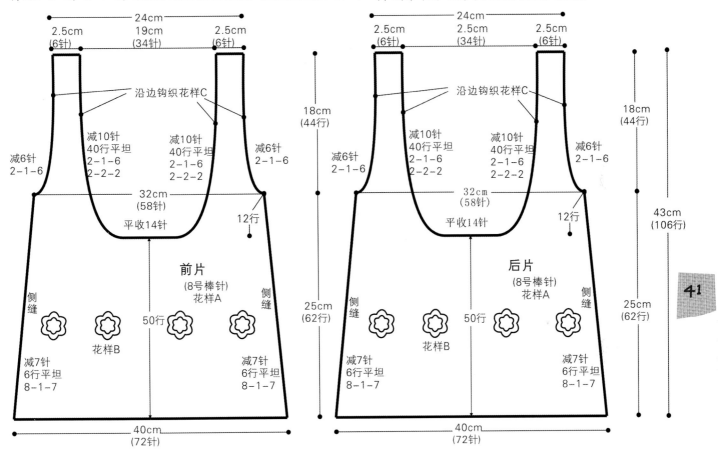

花样B

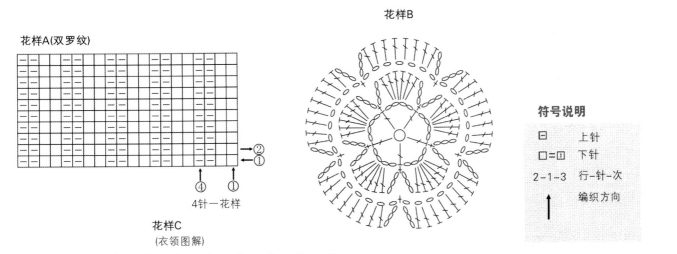

花样A(双罗纹)

4针一花样

花样C
(衣领图解)

符号说明

▯	上针
▯=▯	下针
2-1-3	行-针-次
↑	编织方向

41

韩版娃娃背心裙

【成品规格】衣长35cm，下摆宽37cm，肩宽22cm

【编织密度】细线：30针×38行=10cm²

粗线：27针×38行=10cm²

【工　　具】10号棒针

【材　　料】粗、细灰色羊毛线各200g，装饰小花1朵

【编织要点】

1. 用棒针编织，由一片前片、一片后片、两片袖片组成，从下往上编织。

2. 先编织前片。(1) 袖窿以下分左右两片编织。左前片的编织用细线，下针起针法起48针，先织8行双罗纹后，改织全下针，侧缝不用加减针，织84行至袖窿。用同样方法编织右前片。两边衣襟分别挑98针，织8行双罗纹。(2) 袖窿以上的编织。用粗线，下针起针法起74针，织全下针，两边袖窿减针，方法是每4行减2针减4次，各减8针，余下针数不加不减织44行至肩部。(3) 同时从袖窿算起织至28行时，开始开领窝，中间平收12针，然后两边减针，方法是每2行减3针减1次，每2行减2针减2次，每2行减1针减4次，各减11针，不加不减针织14行，至肩部余12针。

3. 编织后片。(1) 用细线，下针起针法起110针，编织8行双罗纹后，改织全下针，侧缝不用加减针，织84行至袖窿时，分散减36针，余74针。(2) 袖窿以上的编织。两边袖窿减针，方法是每4行减2针减4次，各减8针，余下针数不加不减织44行至肩部。(3) 同时从袖窿算起织至54行时，开始开领窝，中间平收28针，然后两边减针，方法是每2行减1针减2次，至肩部余12针。

4. 袖片编织。用粗线，下针起针法，起44针，先织8行双罗纹后，改织全下针，并开始袖山减针，方法是每4行减2针减6次，至顶部余20针。

5. 缝合。左右前片分别打皱褶，两衣襟重叠后，与袖窿以上的前片缝合，然后将前片的侧缝与后片的侧缝对应缝合，前片的肩部与后片的肩部缝合，两边袖片分别与衣片的袖边缝合。

6. 领片编织。领圈边挑126针，圈织8行双罗纹，形成圆领。

7. 用缝衣针缝上装饰的小花。毛衣编织完成。

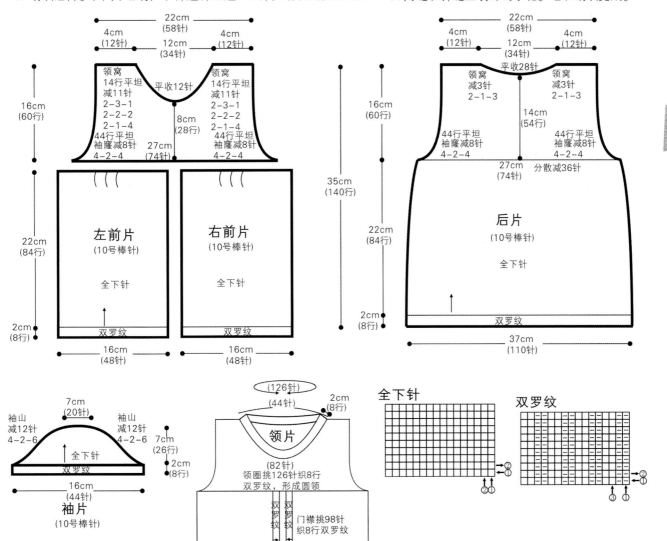

时尚小背心毛衣

这是妈妈给宝宝的呵护，让宝宝能够被幸福团团包围住。

46

清爽蓝色背心

【成品规格】衣长24cm，后下摆宽24cm

【编织密度】20针×28行=10cm²

【工　　具】10号棒针

【材　　料】蓝色羊毛线400g

【编织要点】

1. 用棒针编织，由两片前片、一片后片组成，从下往上编织。

2. 先编织前片。分右前片和左前片编织。(1) 右前片的编织。先用下针起针法，起32针，先织10行单罗纹后，改织花样A，衣襟留8针继续织单罗纹，侧缝不用加减针，织30行至袖窿。(2) 袖窿以上的编织。插肩袖窿减针，方法是每织2行减1针减10次，共减10针，同时在衣襟的麻花内侧减针，方法是每4行减1针减4次，织26行至肩部余18针，不用收针待用。(3) 用相同的方法，向相反的方向编织左前片。

3. 编织后片。(1) 先用下针起针法，起48针，先织10行单罗纹后，改织全下针，侧缝不用加减针，织20行至袖窿。(2) 袖窿以上的编织。插肩袖窿减针，方法是每2行减1针减10次，共减10针，织26行至肩部余28针，不用收针待用。不用开领窝。

4. 缝合。将前片的侧缝与后片的侧缝对应缝合。

5. 领片编织。把前、后片待用的针数合并编织，并在插肩袖的两边各平加10针，圈织26行单罗纹，成为竖领翻领两用的领片。毛衣编织完成。

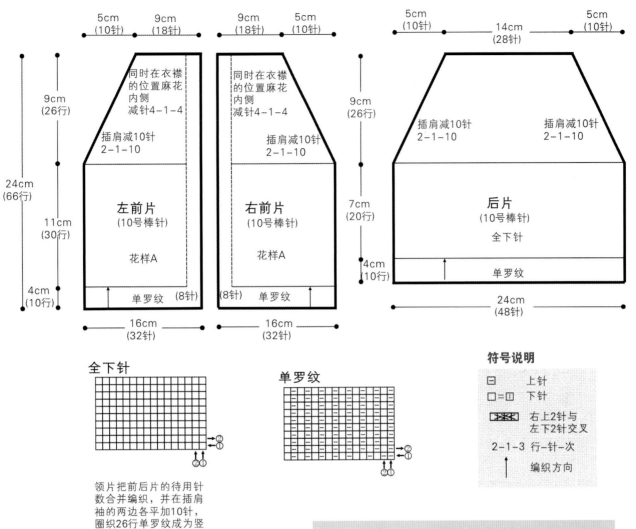

5cm
(10针)

9cm
(18针)

9cm
(18针)

5cm
(10针)

5cm
(10针)

14cm
(28针)

5cm
(10针)

9cm
(26行)

同时在衣襟的位置麻花内侧减针4-1-4

同时在衣襟的位置麻花内侧减针4-1-4

插肩减10针
2-1-10

插肩减10针
2-1-10

插肩减10针
2-1-10

插肩减10针
2-1-10

9cm
(26行)

24cm
(66行)

左前片
(10号棒针)

花样A

右前片
(10号棒针)

花样A

后片
(10号棒针)

全下针

7cm
(20行)

11cm
(30行)

4cm
(10行)

4cm
(10行)

单罗纹 (8针)

(8针) 单罗纹

4cm
(10行)

单罗纹

16cm
(32针)

16cm
(32针)

24cm
(48针)

全下针

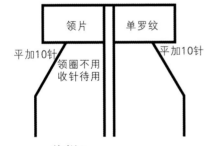

②
①
②①

单罗纹

②
①
②①

领片把前后片的待用针数合并编织，并在插肩袖的两边各平加10针，圈织26行单罗纹成为竖翻两用领片。

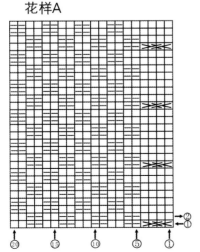

领片

单罗纹

平加10针

领圈不用
收针待用

平加10针

花样A

②
①

20 15 10 5 1

符号说明

□　上针
□=□　下针

右上2针与
左下2针交叉

2-1-3　行－针－次

编织方向

【成品规格】衣长24cm，后下摆宽24cm

【编织密度】20针×28行=10cm²

【工　　具】10号棒针

【材　　料】蓝色羊毛线400g

【编织要点】

1. 用棒针编织，由两片前片、一片后片组成，从下往上编织。

2. 先编织前片。分右前片和左前片编织。(1) 右前片先用下针起针法，起32针，先织10行单罗纹后，改织花样A，衣襟留8针继续织单罗纹，侧缝不用加减针，织30行至袖窿。(2) 袖窿以上的编织。插肩袖窿减针，方法是每织2行减1针减10次，共减10针，同时在衣襟的麻花内侧减针，方法是每4行减1针减4次，织26行至肩部余18针，不用收针待用。(3) 用相同的方法，向相反的方向编织左前片。

3. 编织后片。(1) 先用下针起针法，起48针，先织10行单罗纹后，改织全下针，侧缝不用加减针，织20行至袖窿。(2) 袖窿以上的编织。插肩袖窿减针，方法是每2行减1针减10次，共减10针，织26行至肩部余28针，不用收针待用。不用开领窝。

4. 缝合。将前片的侧缝与后片的侧缝对应缝合。

5. 领片编织。把前、后片待用的针数合并编织，并在插肩袖的两边各平加10针，圈织26行单罗纹，成为竖领翻领两用的领片。毛衣编织完成。

连帽花朵扣背心

符号说明

符号	说明
⊠	左上4针与右下4针交叉
▦	右上1针与左下1针交叉
▧	右上2针与左下2针交叉
⊟	上针
□=①	下针
2-1-3	行-针-次
↑	编织方向

花样A

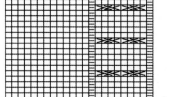

全下针

单罗纹

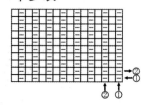

48

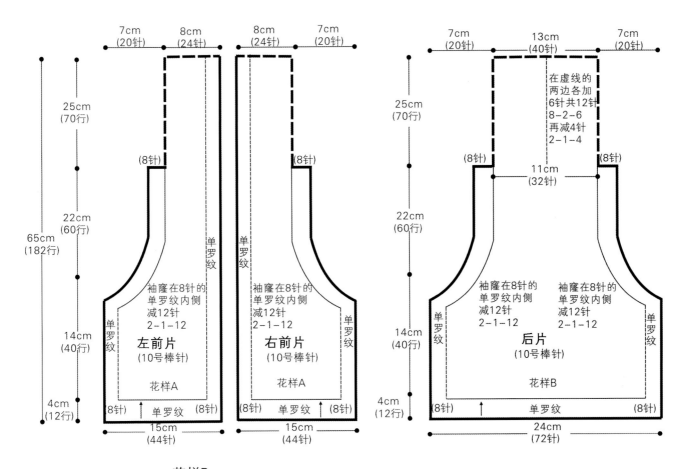

左前片
7cm (20针) 8cm (24针)

25cm (70行)

(8针)

单罗纹

袖窿在8针的
单罗纹内侧
减12针
2-1-12

左前片
(10号棒针)

花样A

单罗纹

65cm (182行)

22cm (60行)

14cm (40行)

4cm (12行)

(8针) ↑ 单罗纹 (8针)

15cm (44针)

右前片
8cm (24针) 7cm (20针)

(8针)

单罗纹

袖窿在8针的
单罗纹内侧
减12针
2-1-12

右前片
(10号棒针)

花样A

单罗纹

(8针) 单罗纹 (8针)

15cm (44针)

后片
7cm (20针) 13cm (40针) 7cm (20针)

在虚线的
两边各加
6针共12针
8-2-6
再减4针
2-1-4

(8针) (8针)

11cm (32针)

25cm (70行)

22cm (60行)

14cm (40行)

4cm (12行)

单罗纹

袖窿在8针的
单罗纹内侧
减12针
2-1-12

袖窿在8针的
单罗纹内侧
减12针
2-1-12

后片
(10号棒针)

花样B

单罗纹

(8针) 单罗纹 (8针)

24cm (72针)

花样B

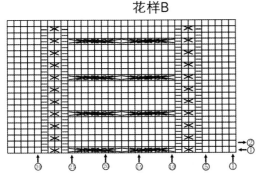

② ①
⑤ ② ④ ⑤ ① ⑤ ①

49

缝合后片，缝上纽扣
缝合帽子两边侧
编织帽顶和两侧继续
前后片领窝不用收针
帽顶两边继续

帽片
(10号棒针)
全下针

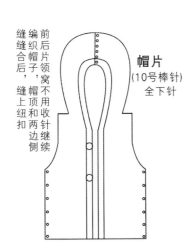

51

简约小背心

【成品规格】衣长35cm，下摆宽33cm，肩宽20cm

【编织密度】30针×38行=10cm²

【工　　具】10号棒针

【材　　料】灰色段染羊毛线400g，亮珠若干，装饰绳子1根

【编织要点】

1. 用棒针编织，由一片前片、一片后片组成，从下往上编织。

2. 先编织前片。(1) 用下针起针法，起100针，先织12行全下针后，对折缝合，形成双层平针底边，继续编织全下针，侧缝不用加减针，织80行时，分散减16针，此时针数为84针，改织花样A，并开始袖窿以上的编织。(2)袖窿两边平收5针，然后减针，方法是每2行减2针减3次，余下针数不加不减织46行至肩部。(3) 同时从袖窿算起织至22行时，开始开领窝，中间平收12针，两边各减14针，方法是每2行减3针减2次，每2行减2针减2次，每2行减1针减4次，至肩部余10针。

3. 后片编织。(1) 袖窿和袖窿以下的织法与前片一样。袖窿以上编织花样A。(2)从袖窿算起织至38行时，开始领窝减针，中间平收32针后，两边各减5针，方法是每2行减1针减5次，至肩部余10针。

4. 缝合。将前片的侧缝与后片的侧缝对应缝合，前片的肩部与后片的肩部缝合。

5. 袖口编织。两边袖口分别挑100针，圈织12行单罗纹。

6. 领子编织。领圈边挑128针，圈织12行单罗纹，形成圆领。

7. 缝上亮珠和装饰绳子，衣服编织完成。

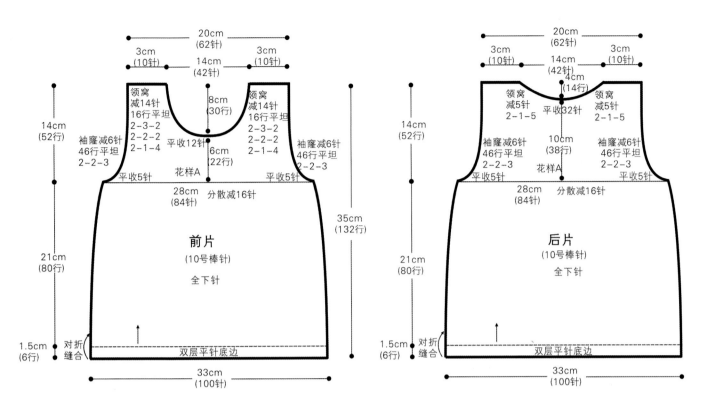

前片
（10号棒针）

全下针

20cm
（62针）

3cm
（10针）　　14cm
（42针）　　3cm
（10针）

领窝
减14针
16行平坦
2-3-2
2-2-2
2-1-4

8cm
（30行）

领窝
减14针
16行平坦
2-3-2
2-2-2
2-1-4

平收12针

6cm
（22行）

花样A

袖窿减6针
46行平坦
2-2-3

平收5针

袖窿减6针
46行平坦
2-2-3

平收5针

28cm
（84针）　分散减16针

14cm
（52行）

21cm
（80行）

1.5cm
（6行）

对折
缝合

双层平针底边

33cm
（100针）

35cm
（132行）

后片
（10号棒针）

全下针

20cm
（62针）

3cm
（10针）　　14cm
（42针）　　3cm
（10针）

4cm
（14针）

领窝
减5针
2-1-5

平收32针

领窝
减5针
2-1-5

10cm
（38行）

花样A

袖窿减6针
46行平坦
2-2-3

平收5针

袖窿减6针
46行平坦
2-2-3

平收5针

28cm
（84针）　分散减16针

14cm
（52行）

21cm
（80行）

1.5cm
（6行）

对折
缝合

双层平针底边

33cm
（100针）

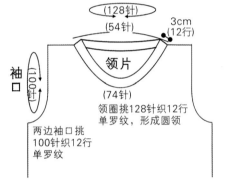

领片

（128针）
（54针）
3cm
（12行）

（74针）

领圈挑128针织12行
单罗纹，形成圆领

袖口
（100针）

两边袖口挑
100针织12行
单罗纹

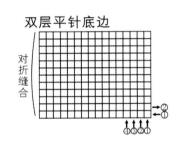

双层平针底边

对折缝合

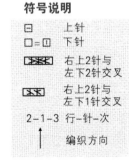

符号说明

符号	说明
⊡	上针
□ = ①	下针
右上2针与左下2针交叉	右上2针与左下2针交叉
右上2针与左下1针交叉	右上2针与左下1针交叉
2-1-3	行-针-次
↑	编织方向

51

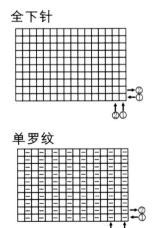

全下针

单罗纹

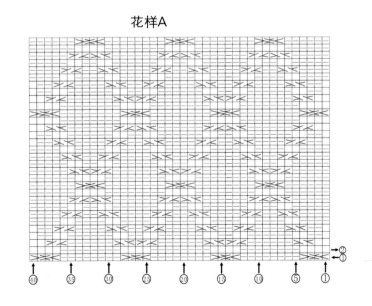

花样A

豆豆花背心

【成品规格】衣长34cm，胸围35cm，连肩袖长15cm

【编织密度】26针×30行=10cm²

【工　　具】10号棒针

【材　　料】毛线150g

【编织要点】

1.圈织：起120针织边缘花样8行，上面织平针17cm，正身部分完成。

2.将针数一分为二，在袖子部位各加33针。

3.袖边缘织8行边缘花样，正身部分织花样，同时向上进行。

4.分别在前、后片中心每2行收1针，袖和身片连接部分分别加针和收针。

5.织30行后织领，织双罗纹10行平收，完成。

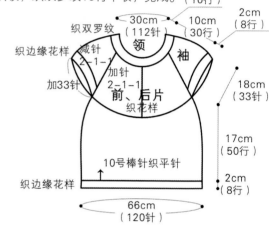

编织花样

前后片中心

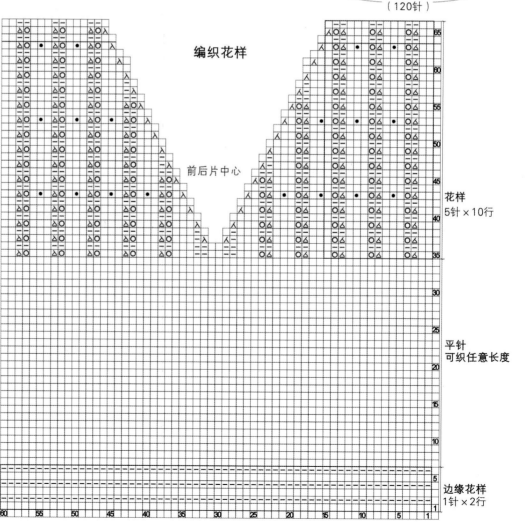

花样
5针×10行

平针
可织任意长度

边缘花样
1针×2行

符号说明

符号	说明
O	加针
人	右上2针并1针
人	上针2针并1针
•	1针放3针再并收
一	上针
□=□	下针
2-1-3	行-针-次
↑	编织方向

清新绿色小背心

【成品规格】衣长30cm，胸围48cm

【编织密度】18针×30行=10cm²

【工　　具】6号棒针

【材　　料】毛线150g

【编织要点】

1.后片：起42针织边缘花样4行，织6行平针，织入花样，平织15cm开挂肩，袖边缘4针织边缘花样；沿着边缘每2行收1针收3次；后领窝最后织1行单罗纹平收。

2.前片：起42针按前片编织花样织，织15cm开挂肩，同时开V领，以3针为界减针，最后平收24行，肩平收。

3.缝合前后两片，完成。

符号说明

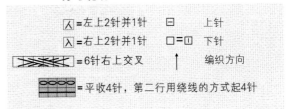

人 =左上2针并1针　　□ 　上针

入 =右上2针并1针　　□=□ 下针

=6针右上交叉　　↑ 编织方向

=平收4针，第二行用绕线的方式起4针

前片编织花样

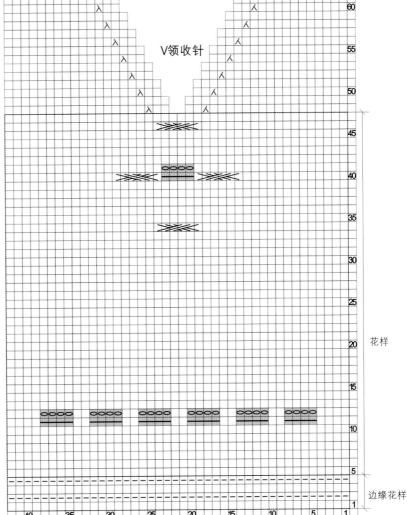

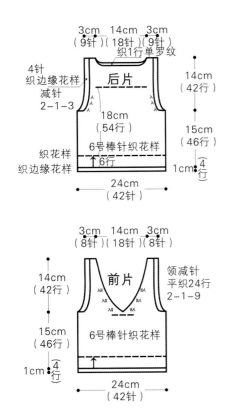

可爱小背心

【成品规格】衣长32cm，胸围56cm

【编织密度】24针×35行=10cm²

【工　　具】10号、12号棒针

【材　　料】灰色毛线200g，白色毛线100g，纽扣4枚

【编织要点】

1.后片：用白色线起91针织桂花针6行后，两侧留6针继续织桂花针，中间织平针，织16行后换灰色线织，织15cm后收胸线，均

收至65针后开始在两侧收针织挂肩部分，后领窝留5cm，中心平收21针，再依次减针，肩平收。

2.前片：织法同后片；白色部分织16行后分出口袋部分，将口袋织完后，另用灰色线从第17行开始往上织；领窝留8cm，中心平收15针，两侧按图示减针。

3.领：沿领窝挑114针织桂花针6行；另起6针织两个小长形缝合在腰部，两端用纽扣点缀，完成。

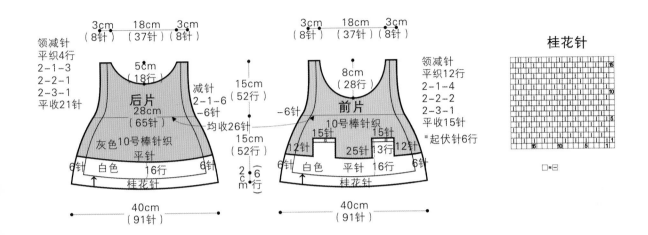

桂花针

后片
领减针
平织4行
2-1-3
2-2-1
2-3-1
平收21针
5cm（18针）
3cm（8针）　18cm（37针）　3cm（8针）
28cm（65针）
灰色10号棒针织
平针
减针
2-1-6
-6针
均收26针
15cm（52行）
15cm（52行）
6针　白色16行　6针
2cm（6行）
40cm（91针）
桂花针

前片
3cm（8针）　18cm（37针）　3cm（8针）
8cm（28行）
领减针
平织12行
2-1-4
2-2-2
2-3-1
平收15针
起伏针6行
10号棒针织
15针　15针
-6针
12针　25针　13针　12针
6针　白色平针16行　6针
40cm（91针）
桂花针

领 灰色
12号棒针织桂花针
挑114针
2cm（6行）

襻带
织桂花针
6cm（18行）
2cm（6针）

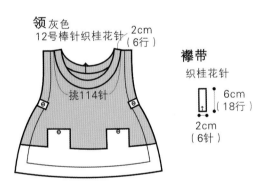

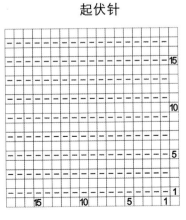

起伏针

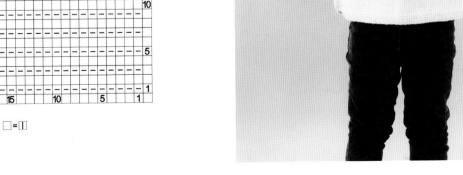

套头打底毛衣

这是妈妈给宝宝的呵护，让宝宝能够被幸福团团包围住。

温暖套头衫

【成品规格】衣长35cm，下摆宽27cm，连肩袖长35cm

【编织密度】28针×36行=10cm²

【工　　具】10号棒针

【材　　料】红色羊毛线400g

【编织要点】

1. 用棒针编织，由一片前片、一片后片、两片袖片组成，从下往上编织。

2. 先编织前片。(1) 用下针起针法，起76针，先织18行双罗纹后，改织花样A，侧缝不用加减针，织64行至插肩袖窿。

(2) 袖窿以上的编织。两边平收4针后，进行插肩袖窿减针，方法是每2行减1针减20次，各减20针。(3)同时织至从袖窿算起36行时，中间平收16针后，进行领窝减针，方法是每2行

减2针减3次，织至顶部针数减完。

3. 编织后片。袖窿以下的编织方法和插肩减针方法与前片一样。领窝不用减针，织至顶部针数余28针。

4. 编织袖片。用下针起针法起44针，先织18行双罗纹后，改织花样B，两边袖下加针，方法是每4行加1针加8次，织至64行两边平收4针后，开始插肩减针，方法是每2行减1针减20次，至顶部余24针，用同样方法编织另一袖，收针断线。

5. 缝合。将前片的侧缝与后片的侧缝对应缝合。袖片的袖下分别缝合，袖片的插肩部与衣片的插肩部缝合。

6. 领片编织。领圈边挑108针，织10行双罗纹，形成圆领。毛衣编织完成。

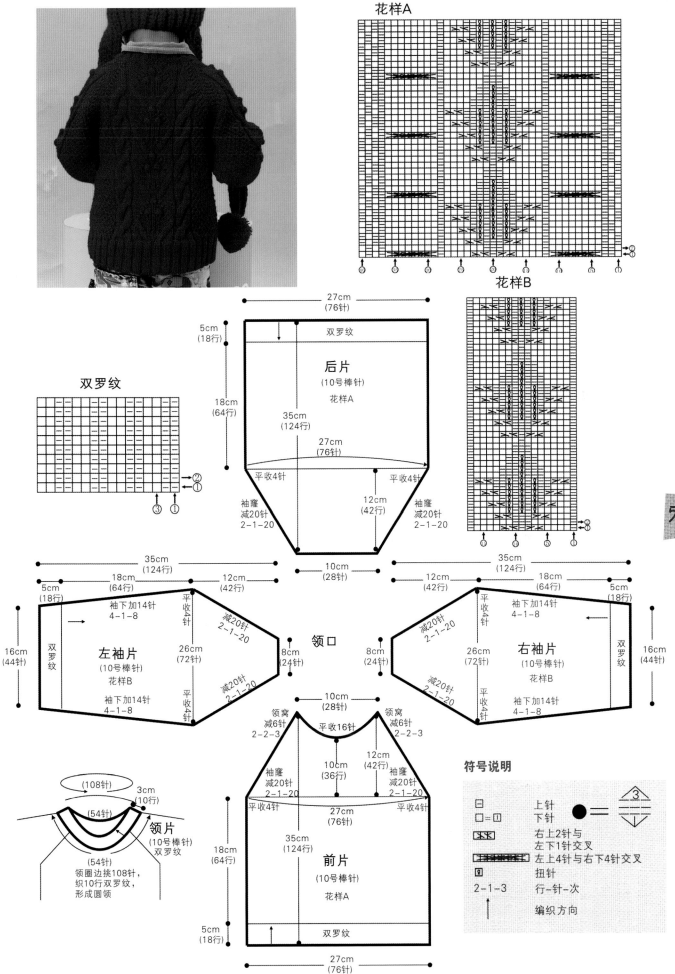

花样A

双罗纹

花样B

后片
（10号棒针）
花样A

27cm
(76针)

5cm
(18行)

双罗纹

18cm
(64行)

35cm
(124行)

27cm
(76针)

平收4针

平收4针

12cm
(42行)

袖窿
减20针
2-1-20

袖窿
减20针
2-1-20

10cm
(28针)

领口

35cm
(124行)

18cm
(64行)

12cm
(42行)

5cm
(18行)

袖下加14针
4-1-8

平收4针

减20针
2-1-20

左袖片
（10号棒针）
花样B

26cm
(72行)

16cm
(44针)

双罗纹

袖下加14针
4-1-8

平收4针

减20针
2-1-20

8cm
(24行)

12cm
(42行)

减20针
2-1-20

平收4针

袖下加14针
4-1-8

8cm
(24行)

26cm
(72行)

右袖片
（10号棒针）
花样B

35cm
(124行)

18cm
(64行)

5cm
(18行)

双罗纹

16cm
(44针)

减20针
2-1-20

平收4针

袖下加14针
4-1-8

领窝
减6针
2-2-3

10cm
(28针)
平收16针

领窝
减6针
2-2-3

(108针)

3cm
(10行)

(54针)

领片
（10号棒针）
双罗纹

(54针)

领圈边挑108针，
织10行双罗纹，
形成圆领

袖窿
减20针
2-1-20

10cm
(36行)

12cm
(42行)

袖窿
减20针
2-1-20

平收4针

27cm
(76针)

平收4针

18cm
(64行)

35cm
(124行)

前片
（10号棒针）
花样A

5cm
(18行)

双罗纹

27cm
(76针)

符号说明

□ 上针
□=□ 下针 ● = 三
右上2针与
左下1针交叉
左上4针与右下4针交叉
扭针
2-1-3 行-针-次
编织方向

59

韩式娃娃装

【成品规格】衣长33cm，下摆宽41cm，连肩袖长34cm

【编织密度】28针×44行=10cm²

【工　　具】10号棒针

【材　　料】紫红色羊毛线400g

【编织要点】

1. 用棒针编织，由一片前片、一片后片、两片袖片组成，从下往上编织。

2. 先编织前片。(1) 用下针起针法，起114针，先织8行花样C后，改织全下针，侧缝不用加减针，织74行后，分散减30针，此时针数为84针，改织14行花样B，至插肩袖窿。(2) 袖窿以上的编织。袖窿两边按花样A减针，方法是每2行减1针减22次，各减22针，不用开领

窝，织48行至顶部余40针。

3. 编织后片。编织方法与前片一样。

4. 编织袖片。用下针起针法，起56针，先织8行花样C后，改织全下针，两边袖下加针，方法是每6行加1针加12次，织至84行，开始按花样A进行插肩减针，方法是每2行减1针减25次，至顶部余30针，用同样方法编织另一袖，收针断线。

5. 缝合。将前片的侧缝与后片的侧缝对应缝合。袖片的袖下分别缝合，袖片的插肩部与衣片的插肩部缝合。

6. 领片编织。领圈边挑104针，织8行花样D，形成圆领。毛衣编织完成。

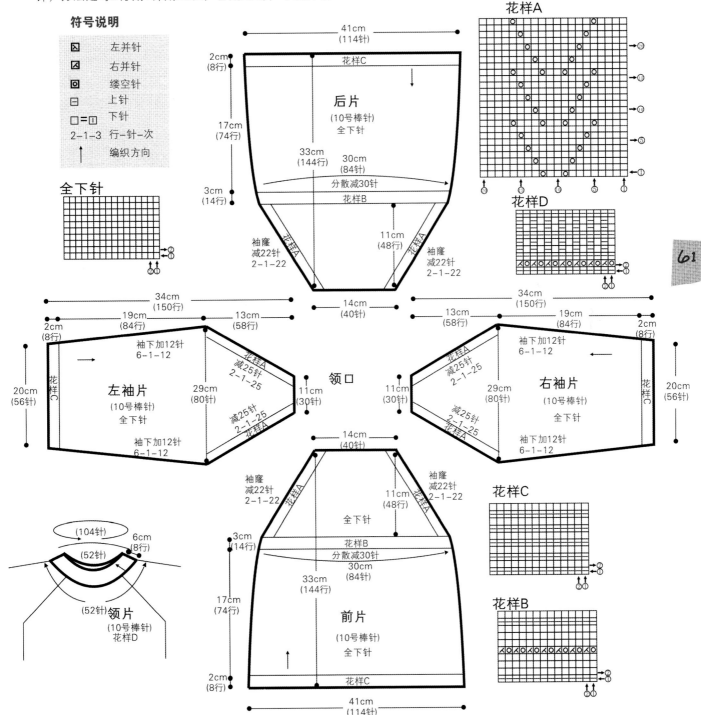

符号说明

⊠ 左并针
⊠ 右并针
◙ 镂空针
□ 上针
□=□ 下针
2-1-3 行-针-次
↑ 编织方向

全下针

61

【成品规格】衣长36cm，胸围56cm，连肩袖长36cm

【编织密度】28针×35行=10cm²

【工　　具】11号棒针

【材　　料】绿色毛线250g，灰色毛线150g

【编织要点】

1.后片：用绿色线起84针织双罗纹16行，上面织平针，按图示织间色花样；平织16cm开挂肩，织插肩袖样式，腋下平收3针，留2针边针，每4行收2针收12次，最后30针平收。

2.前片：用绿色线起84针织双罗纹16行，上面织花样，织绿色46行换灰色线织，中间的花样按图解织间色花样，插肩收针同后片。

3.袖：用绿色线起50针织双罗纹16行，再织平针64行换灰色织18行，绿色织30行，再灰色织20行；袖筒按图示加针，袖山减针同身片；最后16针平收。

4.领：缝合各片，用灰色线沿领窝挑112针织双罗纹48行，平收；完成。

符号说明

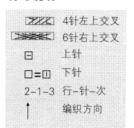

	4针左上交叉
	6针右上交叉
日	上针
口=回	下针
2-1-3	行-针-次
↑	编织方向

62

保暖高领毛衣

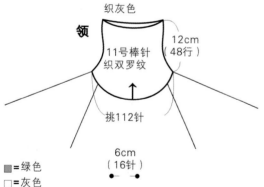

领

织灰色

12cm（48行）

11号棒针织双罗纹

挑112针

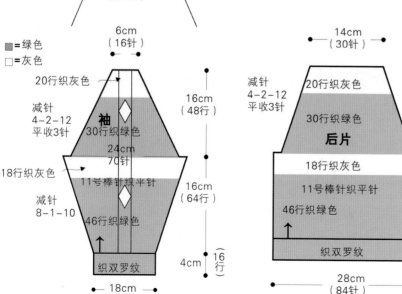

■=绿色
□=灰色

6cm（16针）

20行织灰色

减针
4-2-12
平收3针

袖

30行织绿色

24cm
70针

18行织灰色

11号棒针织平针

减针
8-1-10

46行织绿色

织双罗纹

16cm（48行）

16cm（64行）

4cm（16行）

18cm（50针）

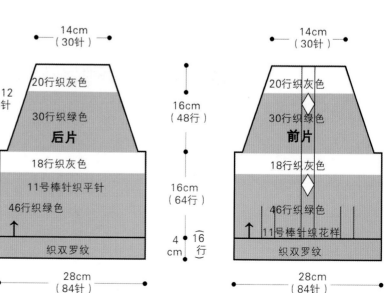

14cm（30针）

20行织灰色

减针
4-2-12
平收3针

30行织绿色

后片

18行织灰色

11号棒针织平针

46行织绿色

织双罗纹

16cm（48行）

16cm（64行）

4cm 16行

28cm（84针）

14cm（30针）

20行织灰色

30行织绿色

前片

18行织灰色

46行织绿色

11号棒针织花样

织双罗纹

16cm（48行）

16cm（64行）

28cm（84针）

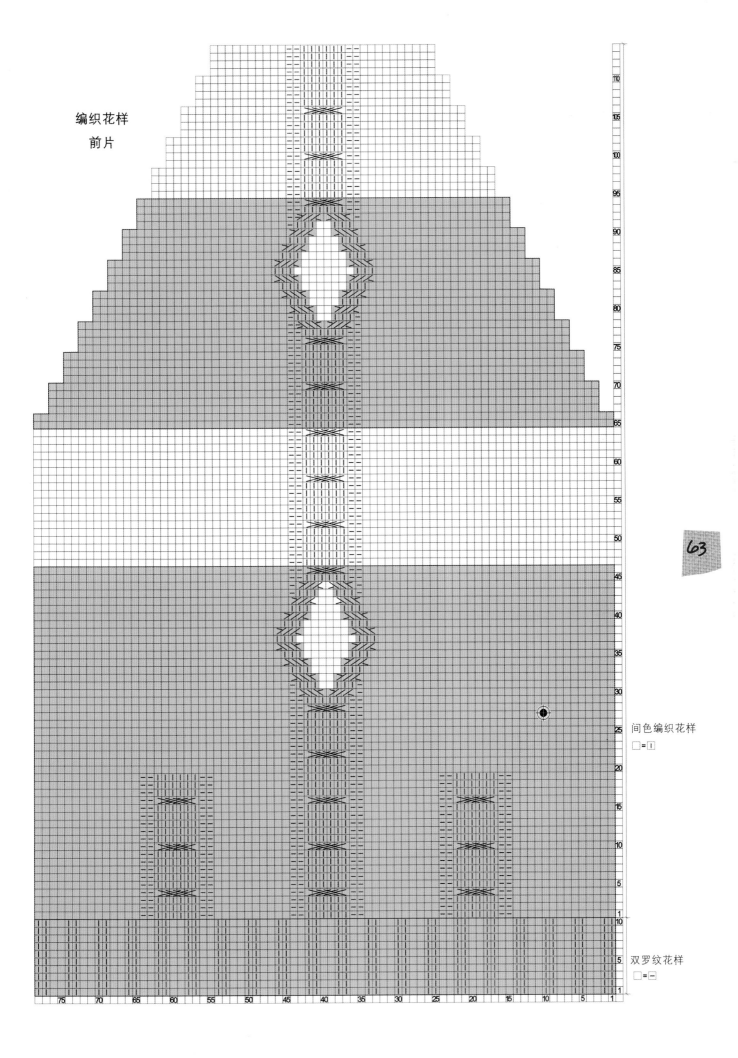

编织花样
前片

间色编织花样
□=Ⅰ

双罗纹花样
□=─

63

【成品规格】衣长35cm，下摆宽33cm，肩宽20cm

【编织密度】28针×35行=10cm²

【工　　具】11号、12号棒针

【材　　料】深灰色羊绒300g，拉链1条

【编织要点】

1.后片：12号棒针起88针织双罗纹14行后换11号棒针织花样，织64行开挂肩，腋下各平收3针，留2针为径，每4行收2针收13次，最后30针平收。

2.前片：织法同后片；织56行后前片中心花样18针织起伏针12行，然后分成两片织，织30行后收领窝，中心平收8针，再依次减针。

3.袖：12号棒针起58针织双罗纹14行后换11号棒针织，中心18针织花样，两侧织平针；分别在袖筒两侧加针，袖山减针同身片。

4.领：缝合各片，沿领窝挑92针织双罗纹28行，对折缝合成双层，安装拉链，完成。

拉链男孩装

领

12号棒针织双罗纹
对折缝合成双层

6cm
（28行）

挑92针

符号说明

⤬	3针左上交叉
⤬	3针右上交叉
⊟	上针
□=□	下针
2-1-3	行-针-次
↑	编织方向

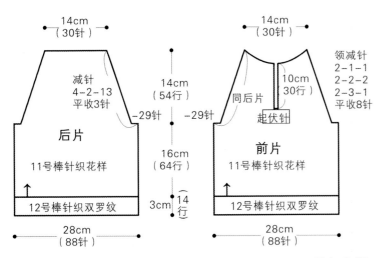

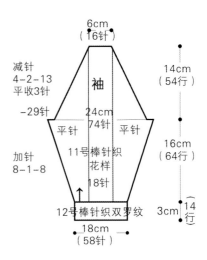

后片

14cm（30针）

减针
4-2-13
平收3针
-29针

14cm（54行）

16cm（64行）

11号棒针织花样

12号棒针织双罗纹

3cm（14行）

28cm（88针）

前片

14cm（30针）

同后片

-29针

领减针
2-1-1
2-2-2
2-3-1
平收8针

10cm（30行）

起伏针

11号棒针织花样

12号棒针织双罗纹

28cm（88针）

袖

6cm（16针）

减针
4-2-13
平收3针
-29针

加针
8-1-8

24cm 74针
平针 平针

11号棒针织花样

18针

12号棒针织双罗纹

14cm（54行）

16cm（64行）

3cm（14行）

18cm（58针）

编织花样

前片领口　织12行起伏针后由此分开织

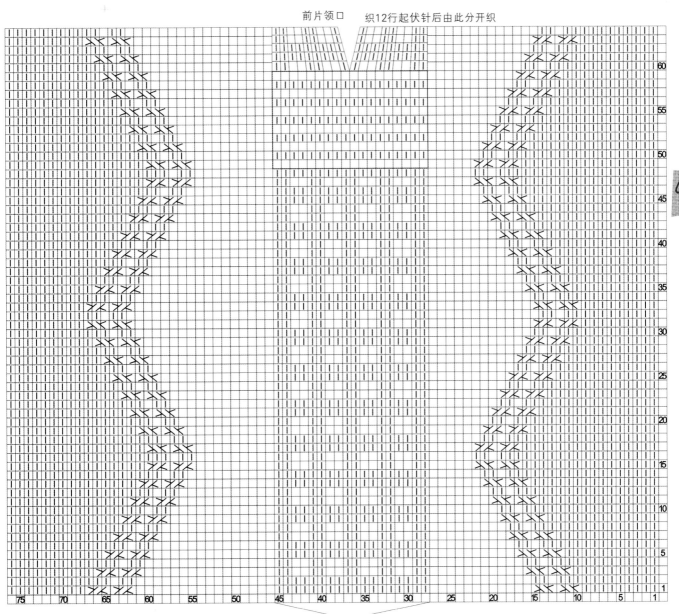

65

袖中心花样

□=□

66

气质小V领套头衫

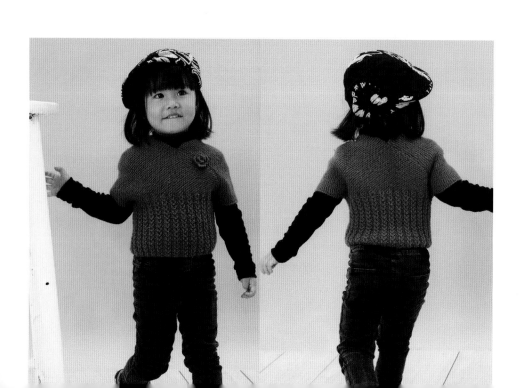

【成品规格】下摆宽40cm，衣长38cm

【编织密度】20针×44行＝10cm²

【工　　具】11号棒针

【材　　料】毛线250g

【编织要点】

1. 织两块相同的片：起40针，织80行起伏针，然后开始在一侧每2行收1针，直到收完为止。

2. 在斜边挑150针织铜钱花24cm。

3. 相同的符号对应的位置缝合，胸前钩花点缀，完成。

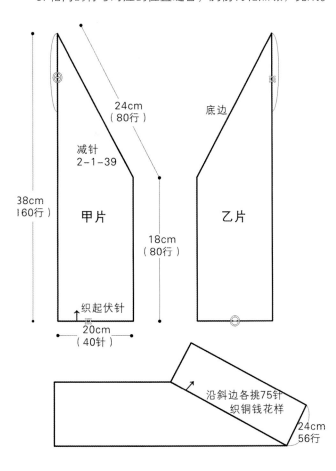

24cm
（80行）

底边

减针
2-1-39

38cm
（160行）

甲片　　　　乙片

18cm
（80行）

织起伏针

20cm
（40针）

沿斜边各挑75针织铜钱花样

24cm
56行

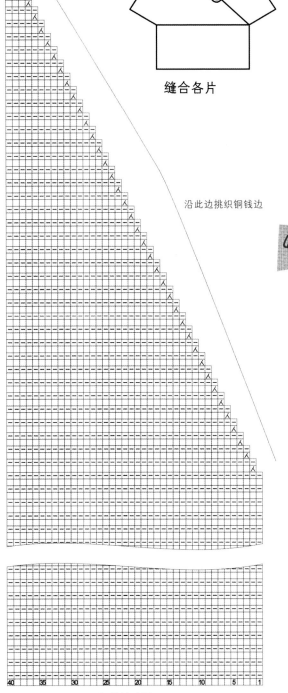

沿此边挑织铜钱边

缝合各片

铜钱花样

5针×4行

□＝⊟

钩花

织法缩略图

□＝□

夏古花朵高领毛衣

【成品规格】衣长32cm，下摆宽28cm，
　　　　　肩宽18cm，袖长30cm

【编织密度】28针×38行=10cm²

【工　　具】11号棒针

【材　　料】灰色羊毛线400g，装饰花1朵，
　　　　　毛线彩球若干

【编织要点】

1. 用棒针编织，由一片前片、一片后片、两片袖片组成，从下往上编织。

2. 先编织前片。(1) 用下针起针法起79针，织花样A，在中间收针，方法是每4行收1针收7次，余72针，侧缝不用加减针，织64行至袖窿。(2) 袖窿以上的编织。两边袖窿平收4针后减针，方法是每2行减2针减3次，各减6针，余下针数不加不减织52行至肩部。(3) 同时袖窿算起织至42行时，

开始开领窝，中间平收12针，然后两边减针，方法是每2行减1针减8次，各减8针，织16行至肩部余12针。

3. 编织后片。(1) 袖窿和袖窿以下的编织方法与前片袖窿一样。

(2) 同时织至袖窿算起50行时，开后领窝，中间平收22针，两边减针，方法是每2行减1针减3次，织至两边肩部余12针。

4. 袖片编织。用下针起针法起44针，织花样A，并即时进行袖下加针，方法是每6行加1针加12次，再织至76行时，两边各平收4针，开始袖山减针，方法是每2行减2针减6次，每2行减1针减12次，织38行至顶部余16针。

5. 缝合。将前片的侧缝与后片的侧缝对应缝合，前片的肩部与后片的肩部缝合，两边袖片的袖下缝合后，分别与衣片的袖边缝合。

6. 领片编织。领圈边挑114针，圈织38行单罗纹，形成高领。

7. 用缝衣针绣上装饰花朵和毛线小球，用钩针钩织下摆和袖口的花边，毛衣编织完成。

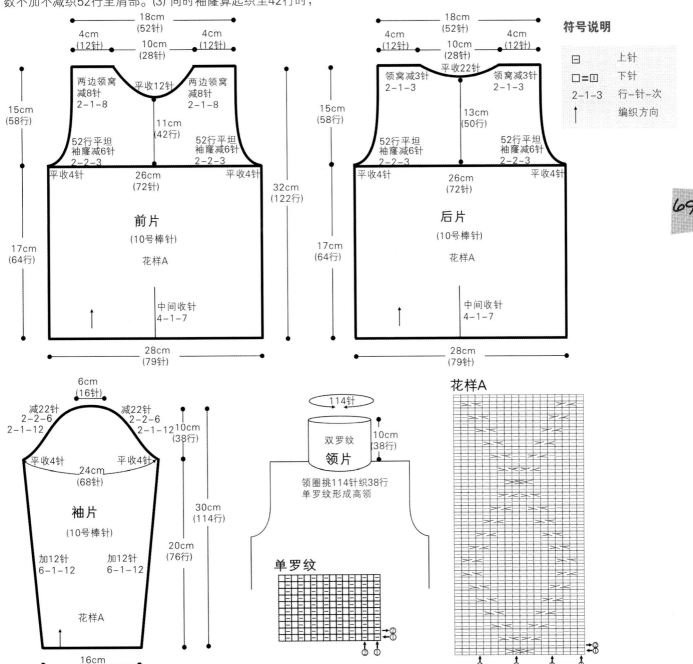

符号说明

□	上针
□=□	下针
2-1-3	行-针-次
↑	编织方向

前片
(10号棒针)
花样A
中间收针
4-1-7

后片
(10号棒针)
花样A
中间收针
4-1-7

袖片
(10号棒针)
花样A
加12针 6-1-12

领片
双罗纹
领圈挑114针织38行
单罗纹形成高领

单罗纹

花样A

69

百搭套头衫

【成品规格】衣长33cm，下摆宽27cm，
连肩袖长33cm
【编织密度】30针×36行=10cm²
【工　　具】10号棒针
【材　　料】白色羊毛线400g
【编织要点】

1. 用棒针编织，由一片前片、一片后片、两片袖片组成，从下往上编织。

2. 先编织前片。(1) 用下针起针法，起82针，先织14行双罗纹后，改织花样A，侧缝不用加减针，织64行至插肩袖窿。(2) 袖窿以上的编织。两边平收4针后，进行插肩袖窿减针，方法是每4行减2针减10次，各减20针。(3)同时织至

从袖窿算起32行时，中间平收18针后，进行领窝减8针，方法是每2行减2针减4次，织至顶部针数减完。

3. 编织后片。袖窿以下的编织方法和插肩减针方法与前片一样。领窝不用减针，织至顶部余34针。

4. 编织袖片。用下针起针法起44针，先织14行双罗纹后，改织全下针，两边袖下加针，方法是每6行加1针加10次，织至64行两边平收4针后，开始插肩减针，方法是每2行减1针减20次，至顶部余16针，用同样方法编织另一袖片，收针断线。

5. 缝合。将前片的侧缝与后片的侧缝对应缝合。袖片的袖下分别缝合，袖片的插肩部与衣片的插肩部缝合。

6. 领片编织。领圈边挑96针，织10行双罗纹，形成圆领。毛衣编织完成。

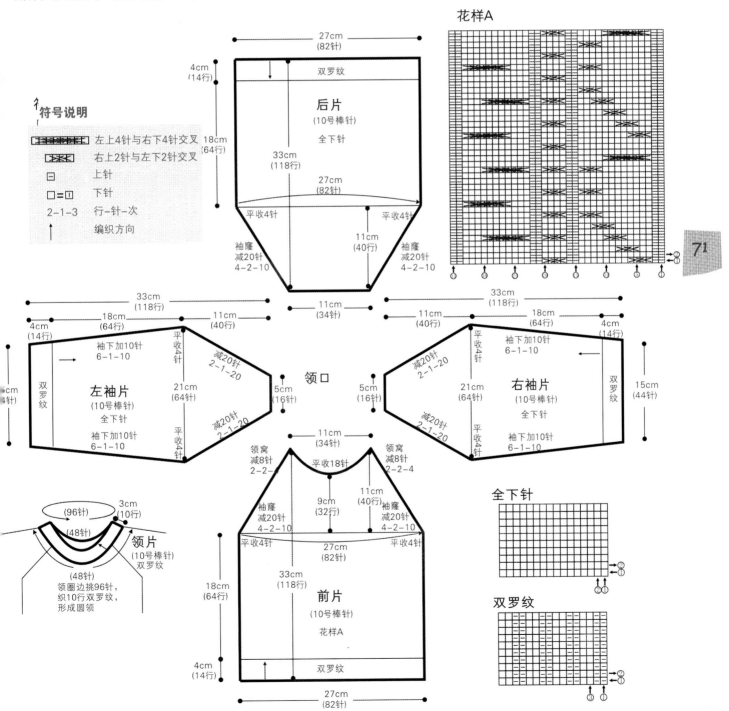

71

田园风套头毛衣

72

【成品规格】衣长36cm，下摆宽32cm，肩宽22cm

【编织密度】30针×40行=10cm²

【工　　具】10号棒针

【材　　料】黑色羊毛线400g，蓝色等图案线少许

【编织要点】

1. 用棒针编织，由一片前片、一片后片、两片袖片组成，从下往上编织。

2. 前片编织。(1) 用下针起针法起96针，编织8行花样A后，改织全下针，侧缝不用加减针，织76行至袖窿。(2) 袖窿以上的编织。两边袖窿平收4针后减针，方法是每2行减3针减1次，每2行减2针减1次，每2行减1针减1次，各减6针，此时针数为76针，即时分散减12针至64针。(3) 再织至24行时，开始开领窝，中间平收12针，然后两边减针，方法是每2行减3针减1次，每2行减2针减2次，每2行减1针减5次，各减12针，不加不减针织8行，至肩部余15针。

3. 编织后片。(1) 用下针起针法起96针，编织8行花样A后，改织全下针，侧缝不用加减针，织76行至袖窿。(2)袖窿以上的编织。两边袖窿平收4针后减针，方法是每2行减3针减1次，每2行减2针减1次，每2行减1针减1次，各减6针，此时针数为76针，即时分散减12针至64针。(3) 再织至44行时，开始开领窝，中间平收32针，然后两边减针，方法是每2行减1针减2次，至肩部余15针。

4. 袖片编织。用下针起针法起52针，织12行单罗纹后，改织全下针，袖下加针，方法是每4行加1针加12次，织至64行时，两边平收4针，开始袖山减针，方法是每2行减1针减20次，至顶部余26针。

5. 缝合。将前片的侧缝与后片的侧缝对应缝合。前片的肩部与后片的肩部缝合，两边袖片的袖下缝合后，分别与衣片的袖边缝合。

6. 领片编织。领圈边挑108针，圈织12行单罗纹，形成圆领。

7. 图案。用缝衣针按十字绣的绣法绣上前片和袖片的图案，毛衣编织完成。

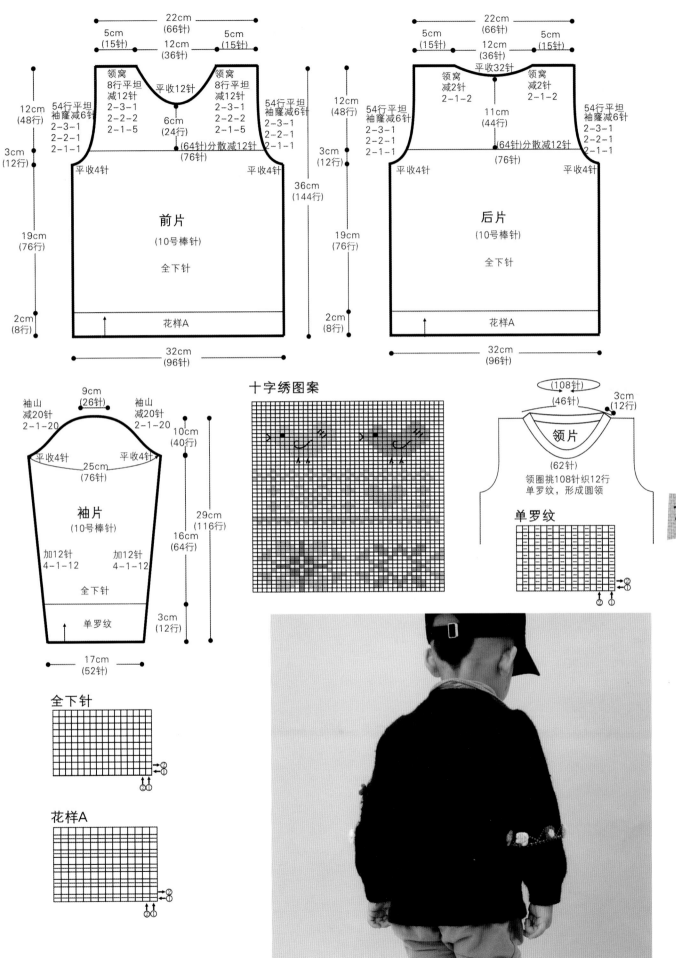

前片

22cm (66针)

5cm (15针)　12cm (36针)　5cm (15针)

领窝
8行平坦
减12针
2-3-1
2-2-2
2-1-5

平收12针
6cm (24行)

领窝
8行平坦
减12针
2-3-1
2-2-2
2-1-5

54行平坦
袖窿减6针
2-3-1
2-2-1
2-1-1

54行平坦
袖窿减6针
2-3-1
2-2-1
2-1-1

(64针)分散减12针
(76针)

平收4针　　　平收4针

前片
(10号棒针)

全下针

花样A

12cm (48行)
3cm (12行)
19cm (76行)
2cm (8行)

36cm (144行)

32cm (96针)

后片

22cm (66针)

5cm (15针)　12cm (36针)　5cm (15针)

平收32针

领窝
减2针
2-1-2

领窝
减2针
2-1-2

11cm (44行)

54行平坦
袖窿减6针
2-3-1
2-2-1
2-1-1

54行平坦
袖窿减6针
2-3-1
2-2-1
2-1-1

(64针)分散减12针
(76针)

平收4针　　　平收4针

后片
(10号棒针)

全下针

花样A

12cm (48行)
3cm (12行)
19cm (76行)
2cm (8行)

32cm (96针)

袖片

9cm (26针)

袖山减20针 2-1-20　　　袖山减20针 2-1-20

平收4针　　平收4针

25cm (76针)

袖片
(10号棒针)

加12针 4-1-12　　加12针 4-1-12

全下针

单罗纹

10cm (40行)
29cm (116行)
16cm (64行)
3cm (12行)

17cm (52针)

十字绣图案

领片

(108针)
(46针)
3cm (12行)

领片
(62针)

领圈挑108针织12行
单罗纹,形成圆领

单罗纹

全下针

花样A

73

74

【成品规格】衣长35cm，下摆宽26cm，连肩袖长35cm

【编织密度】全下针：26针×36行=10cm

花样A：32针×36行=10cm

【工　　具】10号棒针

【材　　料】墨绿色羊毛线400g

【编织要点】

1. 用棒针编织，由一片前片、一片后片、两片袖片组成，从下往上编织。

2. 编织前片。(1) 用下针起针法，起84针，先织14行双罗纹后，改织花样A，侧缝不用加减针，织64行至插肩袖窿。(2) 袖窿以上的编织。两边各平收6针后，进行袖窿减针，方法是每4行减2针减11次，各减22针，不用开领窝，织46行至顶部余28针。

3. 编织后片。编织方法与前片一样，但是后片织全下针。

4. 编织袖片。用下针起针法，起48针，先织14行双罗纹后，改织全下针，两边袖下加针，方法是每8行加1针加8次，织至64行开始插肩减针，两边各平收6针后减针，方法是每4行减2针减11次，至顶部余10针，用同样方法编织另一袖片，收针断线。

5. 缝合。将前片的侧缝与后片的侧缝对应缝合。袖片的袖下分别缝合，袖片的插肩部与衣片的插肩部缝合。

6. 领片编织。领圈边挑104针，圈织44行双罗纹，形成高领。毛衣编织完成。

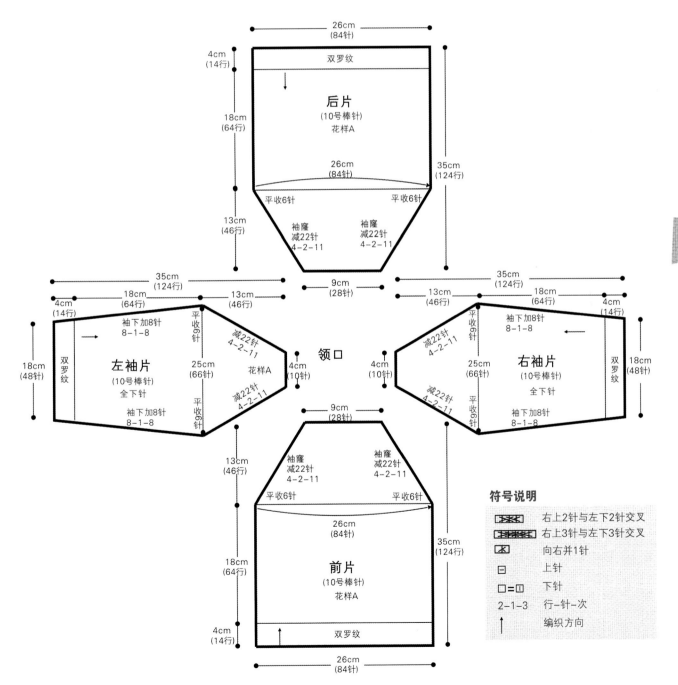

符号说明

⬚	右上2针与左下2针交叉
⬚	右上3针与左下3针交叉
⬚	向右并1针
⊟	上针
□=Ⅰ	下针
2-1-3	行-针-次
↑	编织方向

全下针

双罗纹

104针

领片
双罗纹

12cm
(44行)

领圈挑104针
织44行双罗
纹形成高领

②
①

②
①

②
①

③　①

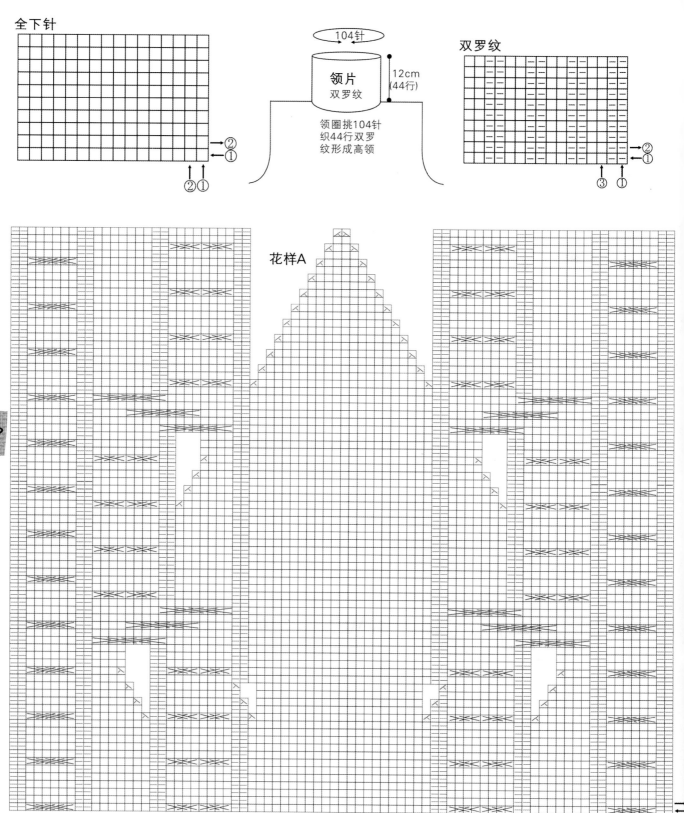

花样A

【成品规格】衣长31cm，胸围70cm

【编织密度】28针×34行=10cm²

【工　　具】10号棒针

【材　　料】毛线200g，椰子扣2枚

【编织要点】

1.后片：起74针织花样12行，两侧8针继续织花样，花样略有变化；中间织平针，平织34行后在平针的两侧加针，织出袖口部分，肩部减针织出斜线，领窝留1.5cm。

2.前片：织法同后片；领窝留10 cm，中心平收12针，两侧按图示减针，至完成。

3.缝合两片，挑针织领，挑104针织花样10行平收；前片用梅花形椰子扣点缀，完成。

领

3cm
（10行）
织花样

挑104针

时尚圆领短袖衫

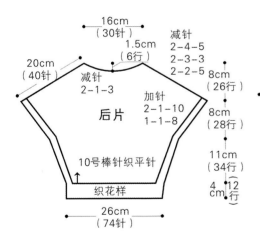

16cm
（30针）

1.5cm
（6行）

减针
2-4-5
2-3-3
2-2-5

20cm
（40针）

减针
2-1-3

后片

加针
2-1-10
1-1-8

10号棒针织平针

织花样

26cm
（74针）

8cm
（26行）

8cm
（28行）

11cm
（34行）

4cm 12行

16cm
（30针）

20cm
（40针）

10cm
（34行）

领减针
平织20行
2-1-3
2-2-3
平收12针

20cm
（40针）

前片

10号棒针织平针

织花样

26cm
（74针）

身片两侧花样略有变化

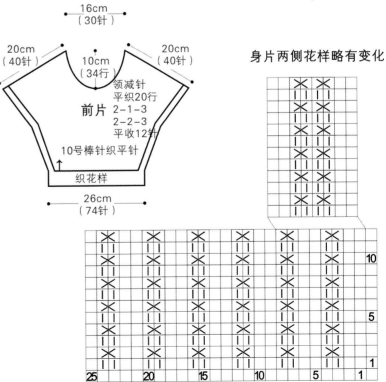

□=□

编织花样

符号说明

⨯	2针左上交叉
⨯	2针右上交叉
曰	上针
□=□	下针
2-1-3	行-针-次
↑	编织方向

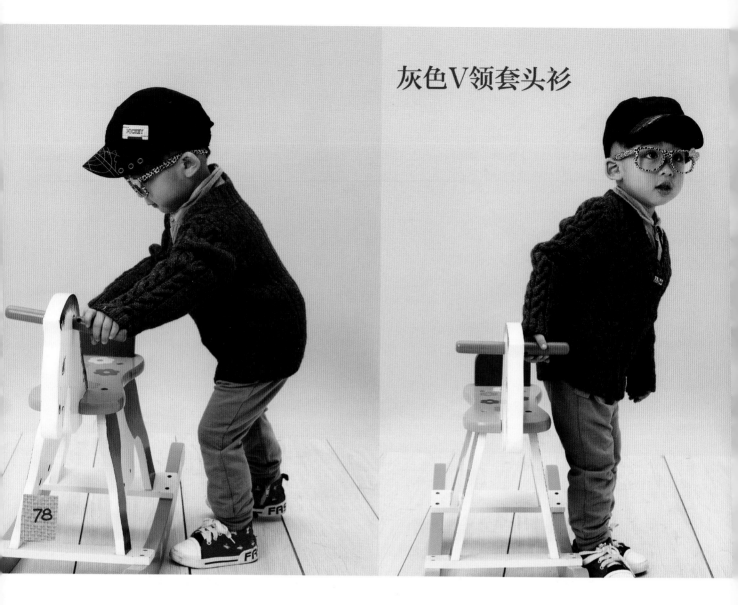

灰色V领套头衫

【成品规格】衣长37cm，下摆宽27cm，肩宽19cm

【编织密度】30针×32行=10cm²

【工　　具】10号棒针

【材　　料】灰色羊毛线400g

【编织要点】

1. 毛衣用棒针编织，由一片前片、一片后片、两片袖片组成，从下往上编织。

2. 先编织前片。(1) 用下针起针法起80针，先织10行双罗纹后，改织花样A，侧缝不用加减针，织54行至袖窿。(2) 袖窿以上的编织。两边袖窿平收4针后减针，方法是每4行减2针减3次，各减6针，不加不减针织42行至肩部。(3) 同时织至16行时，开始开领窝，中间平收16针，然后两边减针，方法是每2行减3针减1次，每2行减2针减2次，每2行减1针减5次，各减12针，不加不减针织22行，至肩部余10针。

3. 编织后片。(1) 用下针起针法起80针，先织10行双罗纹后，改织花样A，侧缝不用加减针，织54行至袖窿。(2) 袖窿以上的编织。两边袖窿平收4针后减针，方法是每4行减2针减3次，各减6针，不加不减针织42行至肩部。(3) 同时织至48行时，开始开领窝，中间平收34针，然后两边减针，方法是每2行减1针减3次，至肩部余10针。

4. 袖片编织。用下针起针法起40针，织10行双罗纹后，改织花样B，袖下加针，方法是每2行加1针加20次，织至64行时，两边平收4针，开始袖山减针，方法是每4行减2针减10次，至顶部余32针。

5. 缝合。将前片的侧缝与后片的侧缝对应缝合。前片的肩部与后片的肩部缝合，两边袖片的袖下缝合后，分别与衣片的袖边缝合。

6. 领片编织。领圈边挑136针，织14行双罗纹，领尖重叠缝合，形成V形叠领。毛衣编织完成。

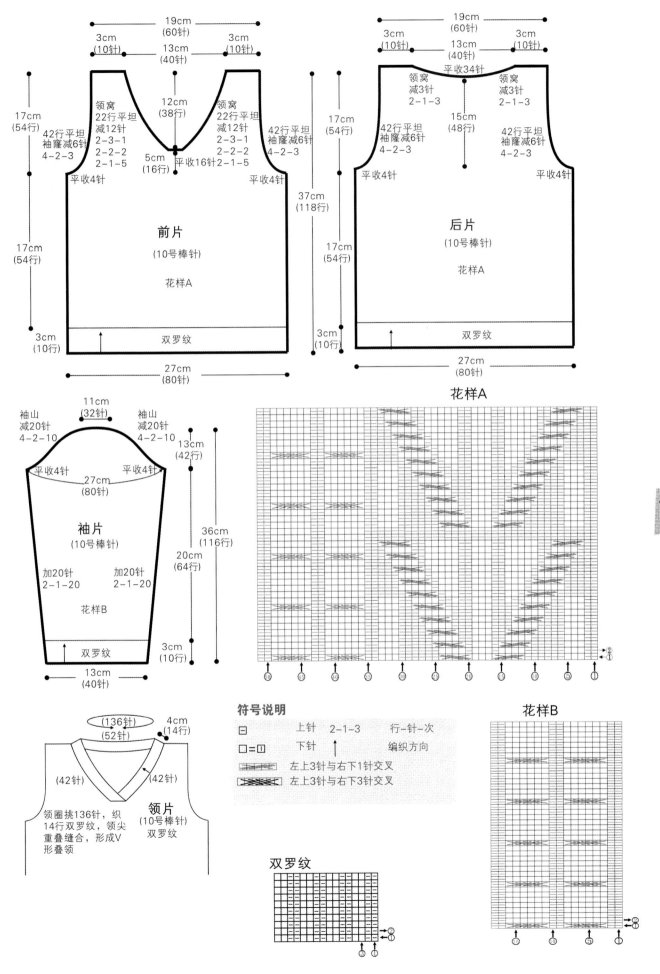

前片
（10号棒针）
花样A

19cm（60针）
3cm（10针）
13cm（40针）
12cm（38行）
领窝 22行平坦 减12针 2-3-1 2-2-2 2-1-5
5cm（16行）
平收16针 2-1-5
17cm（54行）
42行平坦 袖隆减6针 4-2-3
平收4针
17cm（54行）
3cm（10行）
双罗纹
27cm（80针）
37cm（118行）

后片
（10号棒针）
花样A

19cm（60针）
3cm（10针）
13cm（40针）
平收34针
领窝 减3针 2-1-3
15cm（48行）
42行平坦 袖隆减6针 4-2-3
平收4针
17cm（54行）
17cm（54行）
3cm（10行）
双罗纹
27cm（80针）

袖片
（10号棒针）
花样B

11cm（32针）
袖山 减20针 4-2-10
平收4针
27cm（80针）
13cm（42行）
36cm（116行）
20cm（64行）
加20针 2-1-20
双罗纹
3cm（10行）
13cm（40针）

花样A

79

领片
（10号棒针）
双罗纹

（136针）
（52针）
4cm（14行）
（42针）
（42针）
领圈挑136针，织14行双罗纹，领尖重叠缝合，形成V形叠领

符号说明
□ 上针
□=① 下针
2-1-3 行-针-次
↑ 编织方向
左上3针与右下1针交叉
左上3针与右下3针交叉

花样B

双罗纹

火红高领毛衣

【成品规格】衣长40cm，胸围56cm，连肩袖长38cm

【编织密度】28针×40行=10cm²

【工　　具】11号棒针

【材　　料】毛线350g

【编织要点】

1.后片：起80针织双罗纹16行，上面织平针，平织20cm开挂肩，织插肩袖样式，腋下平收4针，留2针边针，每4行收2针收11次，最后28针平收。

2.前片：起80针织双罗纹16行，上面织花样，均加至120针排6个花样织20cm开挂肩，腋下平收8针，再依次减针，最后60针平收。

3.袖：起44针织双罗纹16行，上面织平针，依次在两侧加针织出袖筒18cm，挂肩腋下平收4针，收针同后片；最后12针平收。

4.领：缝合各片，沿领窝挑128针织双罗纹48行，平收；完成。

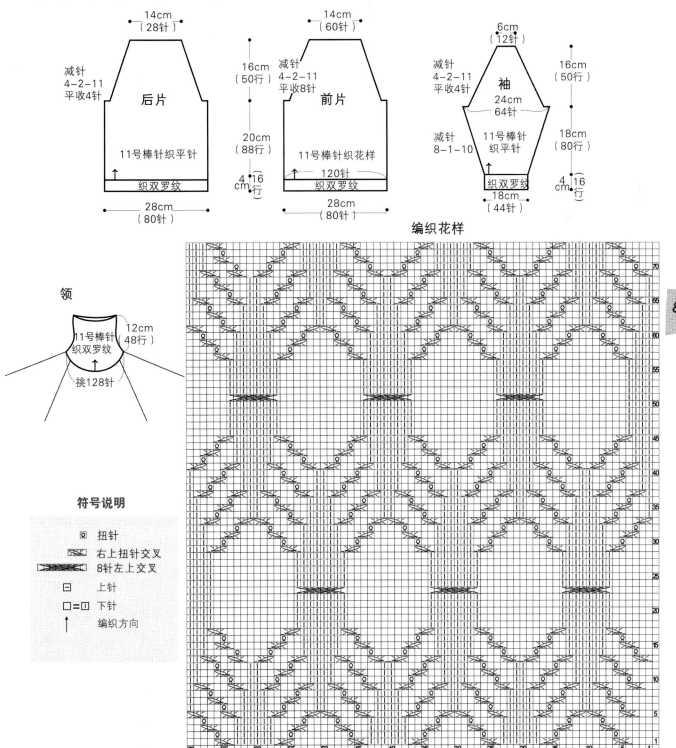

时尚男孩套头毛衣

【成品规格】衣长34cm，胸围60cm，袖长32cm

【编织密度】24针×33行=10cm²

【工　　具】11号、12号棒针

【材　　料】深灰色毛线250g，浅灰色毛线50g，拉链1根

【编织要点】

1.后片：用深灰色线12号棒针起73针织双罗纹10行
换11号棒针织一行上针后，全部织平针；平织17cm

开挂肩，腋下平收4针，再分别减针，肩平收，后领窝留1.5cm。

2.前片：下摆织法同后片；织一行上针后开始用浅灰色织入图案，在菱形的中间织入花样；从63行起分成两片织；全部按图解完成即可。

3.袖：上半部织间色花样，下半部织深灰色，按图示加减针。

4.领：缝合各片；从领窝挑80针织双罗纹16行，安装拉链，完成。

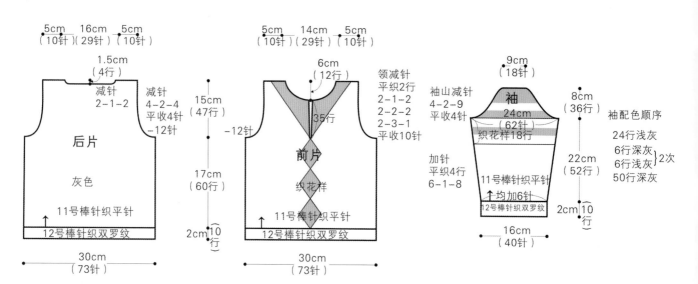

后片图解：
5cm（10针） 16cm（29针） 5cm（10针）
1.5cm（4行）
减针 2-1-2
减针 4-2-4 平收4针 -12针
15cm（47行）
后片 灰色
11号棒针织平针
12号棒针织双罗纹
17cm（60行）
2cm（10行）
30cm（73针）

前片图解：
5cm（10针） 14cm（29针） 5cm（10针）
6cm（12行）
35行
领减针 平织2行 2-1-2 2-2-2 2-3-1 平收10针
前片 织花样
11号棒针织平针
12号棒针织双罗纹
-12针
30cm（73针）

袖图解：
9cm（18针）
袖
8cm（36行）
袖山减针 4-2-9 平收4针
24cm（62针）
织花样18行
加针 平织4行 6-1-8
11号棒针织平针
↑均加6针
12号棒针织双罗纹
22cm（52行）
2cm（10行）
16cm（40针）

袖配色顺序
24行浅灰
6行深灰 6行浅灰 ｝2次
50行深灰

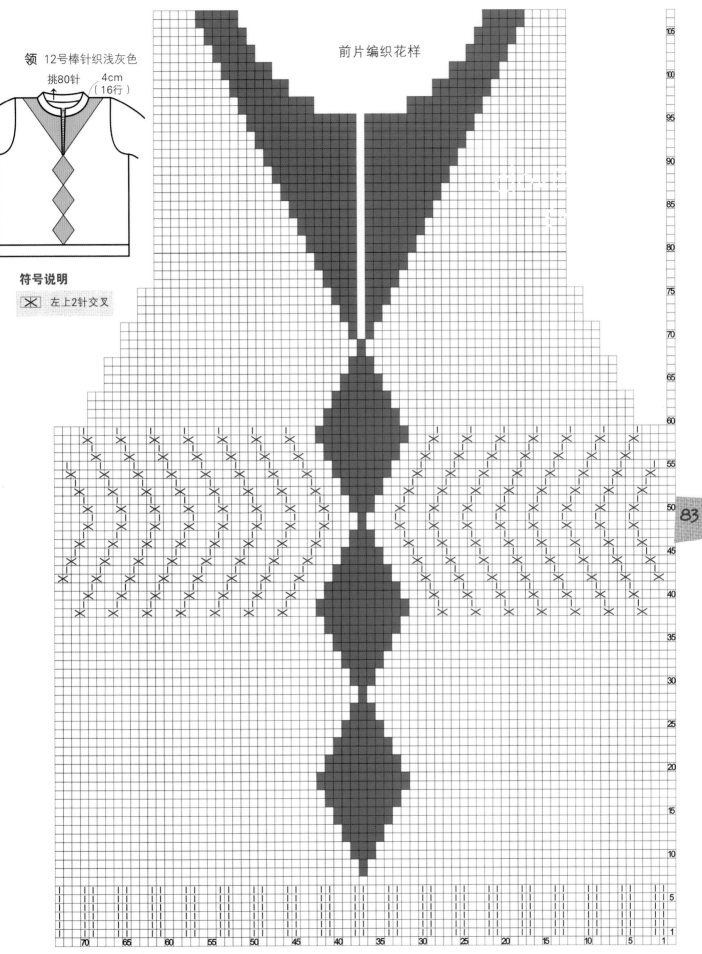

领 12号棒针织浅灰色

挑80针　4cm（16行）

符号说明

☒　左上2针交叉

前片编织花样

□=Ⅰ　双罗纹处空格为上针，其余空格都织下针

帅气男孩套头衫

【成品规格】衣长32cm，胸围50cm，连肩袖长32cm

【编织密度】30针×34行=10cm²

【工　　　具】10号、12号棒针

【材　　　料】绿色毛线250g

【编织要点】

1.后片：12号棒针起80针织双罗纹12行后换10号棒针织花样A，多余的针排在两侧织平针，织15cm开挂肩，腋下各平收4针，留2针做径，每4行收2针各收12次，最后24针平收。

2.前片：织法同后片；前片领窝留4cm，开挂织14行开始在领窝收针，中心平收10针，再分别按图示减针。

3.袖：从下往上织，12号棒针起48针织双罗纹12行后换10号棒针织花样B，两侧加针织袖筒，袖山减针同身片。

4.领：缝合各片，挑针织领；沿领窝挑104针织双罗纹12行平收，完成。

84

符号说明

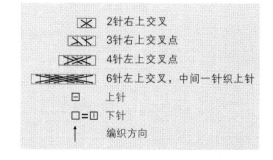

⌧	2针右上交叉
⟩⟨	3针右上交叉点
⟩⟩⟨	4针左上交叉点
⟩⟩⟨⟨	6针左上交叉，中间一针织上针
□	上针
□=□	下针
↑	编织方向

后片

14cm（24针）

减针
4-2-12
平收4针
−28针

14cm（48行）

15cm（50行）

10号棒针织花样A

12号棒针织双罗纹

25cm（80针）

3cm（12行）

前片

14cm（24针）

4cm（14行）

14cm（48行）

领减针
2-1-2
2-2-3
2-3-1
平收5针

−28针

15cm（50行）

10号棒针织花样A

12号棒针织双罗纹

25cm（80针）

3cm（12行）

袖

4cm（10针）

减针
4-2-12
平收4针
−28针

14cm（48行）

24cm（66针）

加针
6-1-9

15cm（54行）

10号棒针织花样B

12号棒针织双罗纹

16cm（48针）

3cm（12行）

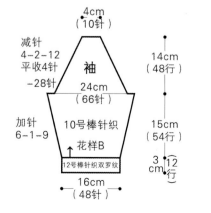

花样A

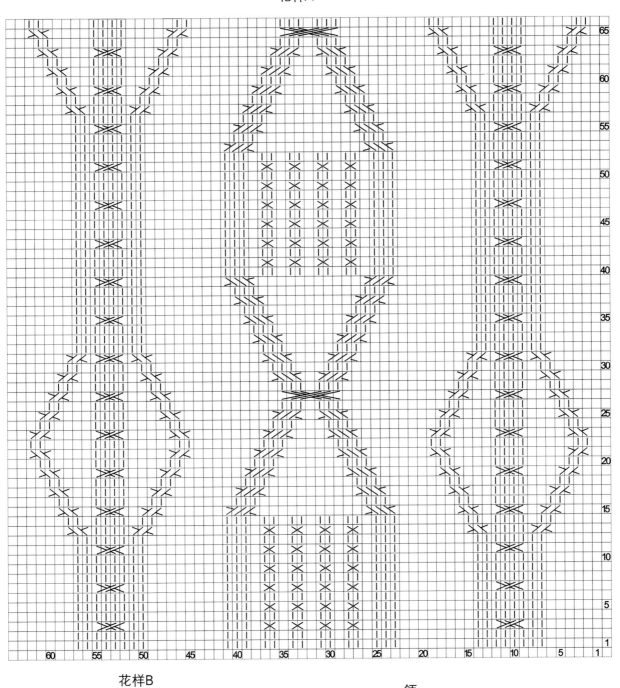

花样B

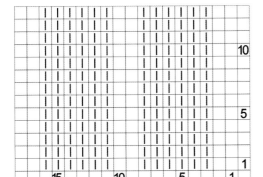

领

个性蝙蝠袖毛衣

【成品规格】衣长36cm，胸围52cm

【编织密度】20针×32行=10cm²

【工　　具】10号棒针

【材　　料】毛线300g

【编织要点】

1.前、后片：起53针，按图示织31行后开始在两侧加针织出袖口，每2行加1针加18次，再收针织肩线；每2行收1针收21次，平织6行做领，完成后收针。

2.缝合两片，完成。

符号说明

⊙	加针
⋏	左上2针并1针
⋏	右上2针并1针
▨	6针右上交叉
⊟	上针
□=⊟	下针
↑	编织方向

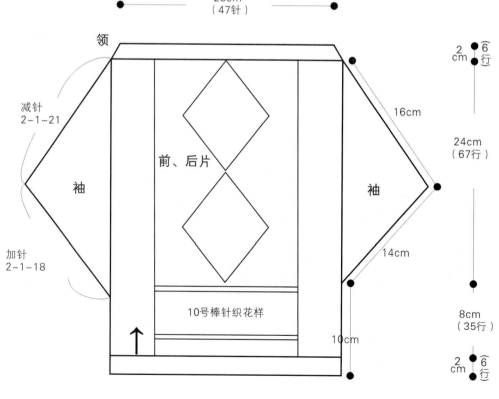

23cm（47针）

领

减针 2-1-21

袖　前、后片　袖

加针 2-1-18

10号棒针织花样

26cm（53针）

2cm 6行

16cm

24cm（67行）

14cm

8cm（35行）

2cm 6行

10cm

编织花样

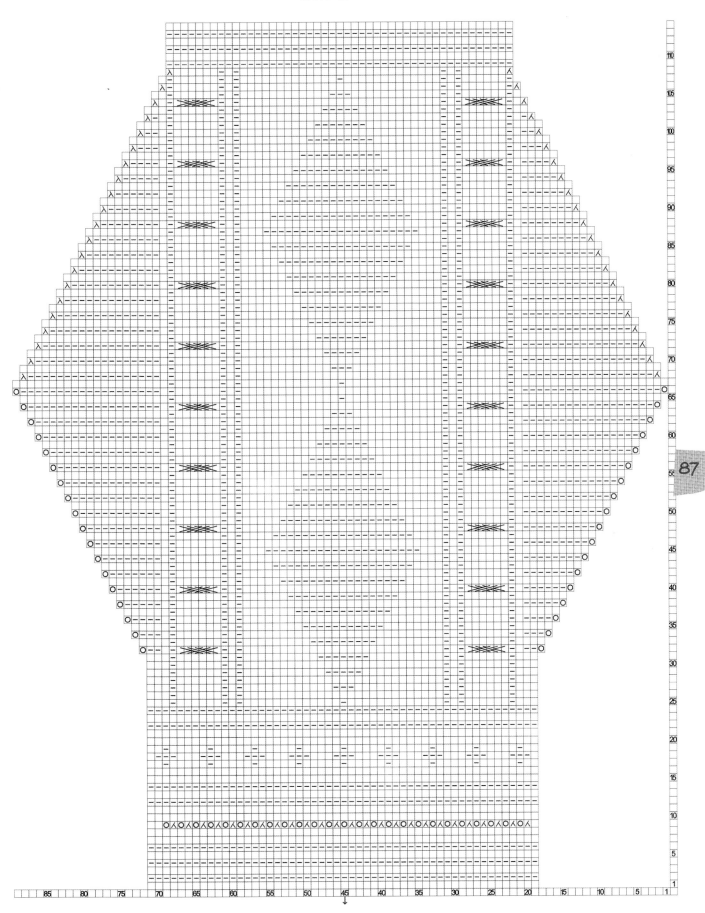

87

□ = □

前后片中心

宝蓝色高领毛衣

【成品规格】衣长35cm，下摆宽26cm，连肩袖长35cm

【编织密度】30针×34行=10cm²

【工　　具】10号、12号棒针

【材　　料】蓝色羊毛线300g

【编织要点】

1.后片：12号棒针起80针织双罗纹12行后换10号棒针织花样，织15cm开挂肩，腋下各平收4针，留2针做径，每4行收2针各收12次，最后24针平收。

2.前片：织法同后片；前片领窝留4cm，开挂后织14行开始在领窝收针，中心平收10针，再分别按图示减针。

3.袖：从下往上织，12号棒针起48针织双罗纹12行后换10号棒针织花样，两侧加针织出袖筒，袖山减针同身片。

4.领：缝合各片，挑针织领；沿领窝挑104针织双罗纹36行平收，完成。

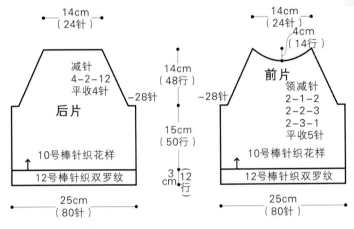

后片

减针
4-2-12
平收4针
-28针

10号棒针织花样

12号棒针织双罗纹

14cm
（24针）

14cm
（48行）

15cm
（50行）

3
cm
12
行

25cm
（80针）

前片

领减针
2-1-2
2-2-3
2-3-1
平收5针

10号棒针织花样

12号棒针织双罗纹

14cm
（24针）

4cm
（14行）

-28针

25cm
（80针）

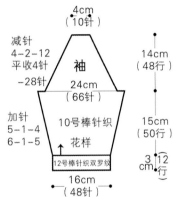

袖

减针
4-2-12
平收4针
-28针

加针
5-1-4
6-1-5

10号棒针织花样

12号棒针织双罗纹

4cm
（10针）

24cm
（66针）

14cm
（48行）

15cm
（50行）

3
cm
12
行

16cm
（48针）

编织花样

领

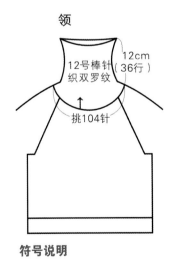

12号棒针
织双罗纹

12cm
（36行）

挑104针

符号说明

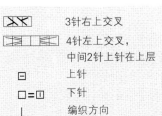

3针右上交叉

4针左上交叉，
中间2针上针在上层

上针

□=□　下针

编织方向

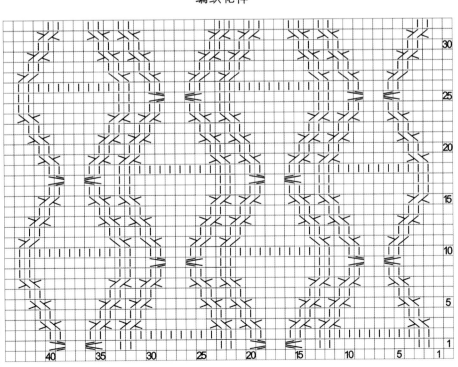

□=□

简约高领毛衣

【成品规格】衣长37cm，下摆宽29cm，
　　　　　　肩宽24cm，袖长33cm

【编织密度】38针×46行=10cm²

【工　　具】10号棒针

【材　　料】灰色羊毛线400g

【编织要点】

1. 毛衣用棒针编织，由一片前片、一片后片、两片袖片组成，从下往上编织。

2. 先编织前片。(1) 用下针起针法起116针，先织18行单罗纹后，改织花样A，侧缝不用加减针，织82行至袖窿。(2) 袖窿以上的编织。两边袖窿平收5针后减针，方法是每2行减2针减3次，各减6针，余下针数不加不减织64行至肩部。(3) 同时从袖窿算起织50行时，开始领窝减针，中间平收12针，然后两边减针，方法是每2行减3针减2次，每2行减2针减2次，每2行减1针减6次，各减16针，织至肩部余24针。

3. 编织后片。(1) 袖窿和袖窿以下的编织方法与前片袖窿一样。(2) 同时织至袖窿算起68行时，开后领窝，中间平收40针，两边减针，方法是每2行减1针减2次，织至两边肩部余24针。

4. 袖片编织。用下针起针法起60针，先织18行单罗纹后，改织花样A，袖下加针，方法是每4行加1针加18次，织82行后，两边各平收5针，开始袖山减针，方法是每2行减3针减2次，每2行减2针减2次，每2行减1针减20次，织50行至顶部余26针。

5. 缝合。将前片的侧缝与后片的侧缝对应缝合。前片的肩部与后片的肩部缝合，两边袖片的袖下缝合后，分别与衣片的袖边缝合。

6. 领片编织。领圈边挑136针，圈织56行单罗纹，形成高领。毛衣编织完成。

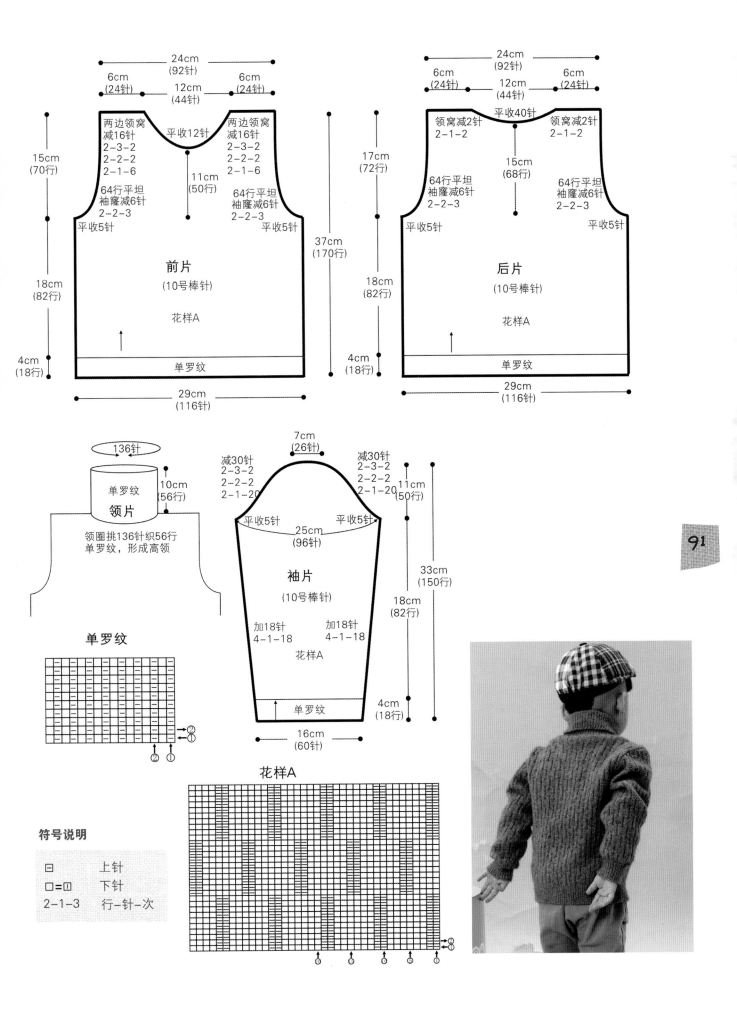

24cm
(92针)
6cm
(24针)
12cm
(44针)
6cm
(24针)

两边领窝
减16针
2-3-2
2-2-2
2-1-6

平收12针

两边领窝
减16针
2-3-2
2-2-2
2-1-6

15cm
(70行)

11cm
(50行)

64行平坦
袖窿减6针
2-2-3

64行平坦
袖窿减6针
2-2-3

平收5针

平收5针

前片
(10号棒针)

花样A

37cm
(170行)

18cm
(82行)

4cm
(18行)

单罗纹

29cm
(116针)

24cm
(92针)
6cm
(24针)
12cm
(44针)
6cm
(24针)

领窝减2针
2-1-2

平收40针

领窝减2针
2-1-2

17cm
(72行)

15cm
(68行)

64行平坦
袖窿减6针
2-2-3

64行平坦
袖窿减6针
2-2-3

平收5针

平收5针

后片
(10号棒针)

花样A

18cm
(82行)

4cm
(18行)

单罗纹

29cm
(116针)

136针

单罗纹

10cm
(56行)

领片

领圈挑136针织56行
单罗纹,形成高领

7cm
(26针)

减30针
2-3-2
2-2-2
2-1-20

减30针
2-3-2
2-2-2
2-1-20

11cm
(50行)

平收5针

平收5针

25cm
(96针)

袖片
(10号棒针)

33cm
(150行)

18cm
(82行)

加18针
4-1-18

加18针
4-1-18

花样A

单罗纹

4cm
(18行)

16cm
(60针)

单罗纹

花样A

符号说明

□	上针
□=□	下针
2-1-3	行-针-次

91

V领麻花套头衫

92

【成品规格】衣长35cm，下摆宽28cm，连肩袖长33cm

【编织密度】28针×34行=10cm²

【工　　具】10号棒针

【材　　料】浅灰色羊毛线400g，黑色线少许

【编织要点】

1. 用棒针编织，由一片前片、一片后片、两片袖片组成，从下往上编织。

2. 先编织前片。(1) 用下针起针法，起78针，先织10行双罗纹，并配色，然后改织花样A，侧缝不用加减针，织58行至插肩袖窿。(2) 袖窿以上的编织。两边平收3针后，进行插肩袖窿减针，方法是每4行减2针减12次，各减24针。(3)同时织至从袖窿算起6行时，中间预留2针后，按领口花样图解，进行领窝减针，方法是每2行减2针减1次，每4行减1针9次，织至顶部针数减完。

3. 编织后片。袖窿以下的编织方法和插肩减针方法与前片一样。领窝不用减针，织至顶部针数余24针。

4. 编织袖片。用下针起针法起40针，先织10行双罗纹，并配色，然后改织全上针，两边袖下加针，方法是每4行加1针加12次，织至58行时，两边平收3针后，开始插肩减针，方法是每4行减2针减12次，至顶部余10针，用同样方法编织另一袖片，收针断线。

5. 缝合。将前片的侧缝与后片的侧缝对应缝合。袖片的袖下分别缝合，袖片的插肩部与衣片的插肩部缝合。

6. 领片编织。领圈边挑132针，按V领花样图解织12行双罗纹，并配色，形成V领。毛衣编织完成。

93

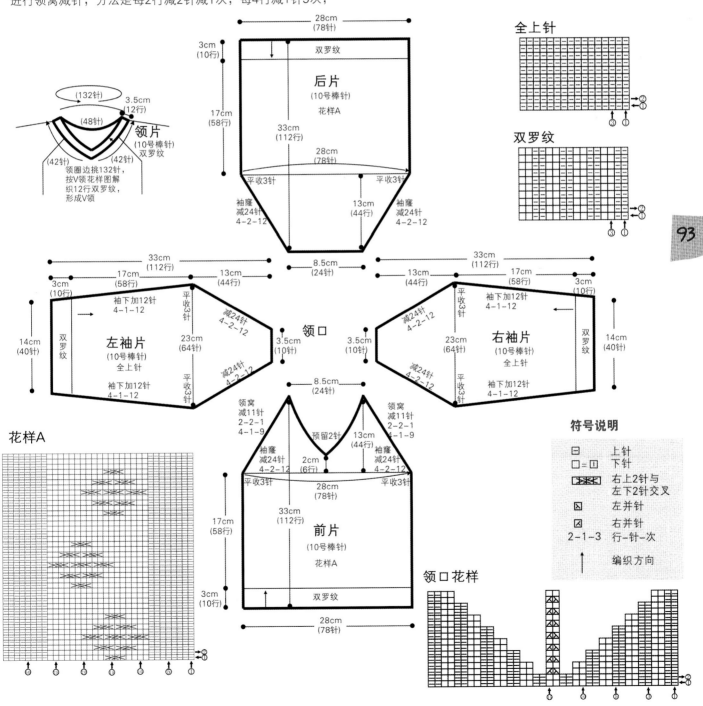

个性套头毛衣

【成品规格】衣长37cm，下摆宽33cm，连肩袖长37cm

【编织密度】28针×38行＝10cm²

【工　　具】10号棒针

【材　　料】白色、黑色羊毛线各200g

【编织要点】

1. 用棒针编织，由一片前片、一片后片、两片袖片组成，从下往上编织。

2. 编织前片。(1) 用下针起针法起92针，先织14行双罗纹后，改织花样A，并按图配色，织至24行时，中间平收28针，下一行再平加28针，形成口袋，侧缝不用加减针，织64行至插肩袖窿。(2) 袖窿以上的编织。两边平收4针后，进行插肩袖窿减针，方法是每4行减2针减13次，各减26针。(3) 同时织至从袖窿算起46行时，中间平收16针后，进行领窝减8针，方法是每2行减2针减4次，织至顶部针数减完。

3. 编织后片。袖窿以下的编织方法和插肩减针方法与前片一样。领窝不用减针，织至顶部余34针。

4. 编织袖片。用下针起针法起44针，先织14行双罗纹后，分散加16针，此时针数为60针，然后改织全下针，并按图配色，两边袖下加针，方法是每4行加1针加14次，织至68行两边平收4针后，开始插肩减针，方法是每4行减2针减13次，至顶部余28针，用同样方法编织另一袖，收针断线。

5. 口袋编织。起28针织24行全下针，缝合于前片口袋内侧，袋口挑28针，织10行双罗纹。

6. 缝合。将前片的侧缝与后片的侧缝对应缝合。袖片的袖下分别缝合，袖片的插肩部与衣片的插肩部缝合。

7. 领片编织。领圈边挑106针，织12行双罗纹，形成圆领。毛衣编织完成。

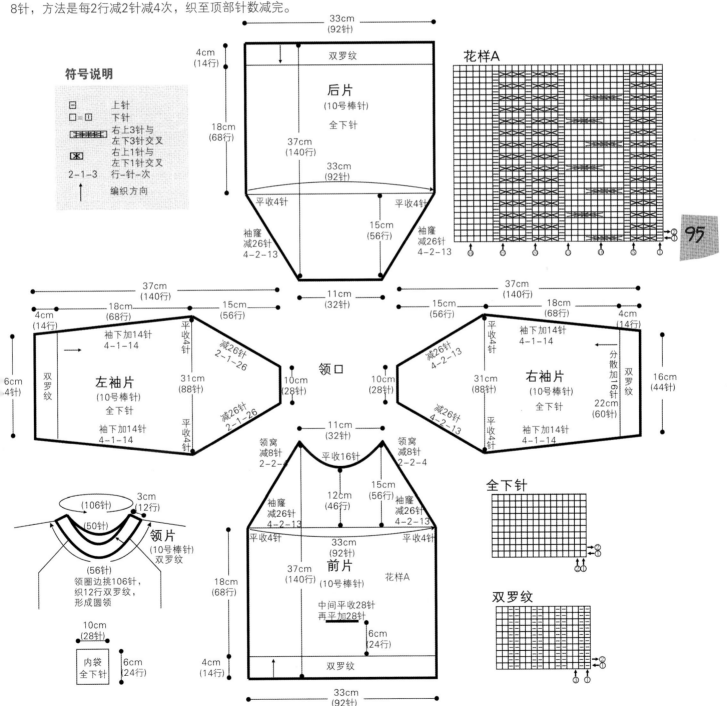

95

【成品规格】衣长34cm，胸围60cm，袖长30cm

【编织密度】24针×34行=10cm

【工　　具】11号、12号棒针

【材　　料】深咖啡色毛线250g，浅咖啡色毛线50g

【编织要点】

1.后片：深咖啡色起72针按图示织间色双罗纹，换11号棒针织上针，织间色花样，平织16cm开挂肩，腋下各平收4针，再依次减针，肩平收，领窝留1.5cm。

2.前片：织法同后片；中心10针织交叉花样，织72行后将花样一分为二，织V领，减针在花样的两侧进行。

3.袖：起12针按图示加出袖山后，织间色花样36行，剩下的全部织深咖啡色。

4.领：缝合各片，挑针织领；挑88针用12号棒针织间色双罗纹8行平收，完成。

符号说明

| ⫴⫴⫴⤢⤢⤢ | 10针左上交叉 |

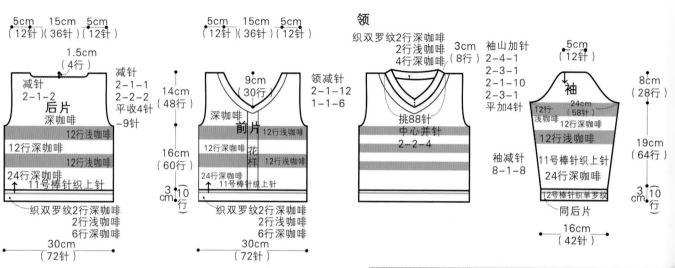

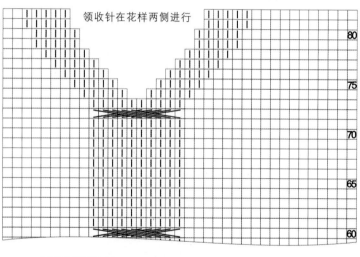

前片中心

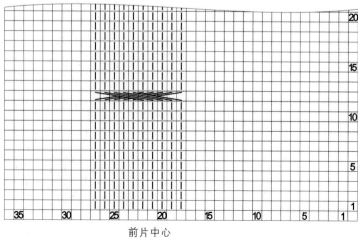

麻花条纹V领毛衣

妈咪必备的
宝宝毛衣编织大全

40多种款式，满足你的需求

/责任编辑：刘　深　/助理编辑：夏丹丹　/责任美编：余景雯　/责任校对：林锦春

扫二维码，看同步视频

◎上架建议：情趣手工◎

妈咪派Pie
领略阅读之美
享受育儿之乐

ISBN 978-7-5335-5225-1

9 787533 552251

定 价：29.80元